Python办公效率手册

@麦叔 著

人民邮电出版社
北京

图书在版编目（CIP）数据

Python办公效率手册 / 麦叔著. -- 北京 : 人民邮电出版社, 2021.10(2024.1重印)
ISBN 978-7-115-57006-2

Ⅰ. ①P… Ⅱ. ①麦… Ⅲ. ①软件工具－程序设计－手册 Ⅳ. ①TP311.561-62

中国版本图书馆CIP数据核字(2021)第146049号

◆ 著　　　　麦　叔
责任编辑　赵　轩
责任印制　马振武

◆ 人民邮电出版社出版发行　　北京市丰台区成寿寺路 11 号
邮编　100164　　电子邮件　315@ptpress.com.cn
网址　https://www.ptpress.com.cn
北京建宏印刷有限公司印刷

◆ 开本：700×1000　1/16
印张：10　　　　2021 年 10 月第 1 版
字数：194 千字　　　　2024 年 1 月北京第 2 次印刷

定价：59.80 元

读者服务热线：(010)81055410　印装质量热线：(010)81055316
反盗版热线：(010)81055315
广告经营许可证：京东市监广登字 20170147 号

前言

不知道大家有没有感觉到，“Python”这个单词在你的办公室里越来越频繁地出现。Python 本身是一门编程语言，原本只有程序员才会关心，现在可好，公司里的很多人都在用它，尤其是那些擅长使用软件工具的“精英”。以往需要用到复杂 Excel 技巧的工作，他们只需要敲几行代码，就能瞬间完成，很让人羡慕。

不仅如此，还有很多让人头大的任务，如果用常规方法去处理，既费时又费力，关键还不一定能搞定。此时如果用 Python 来处理，则轻松到令人难以置信，工作效率倍增。

作为一门“万能语言”，Python 受欢迎的程度可想而知，最可贵的是，Python 的学习门槛很低，很多小学生都能在课本的帮助下学会简单的 Python 编程方法。对于完全没有接触过 Python 的人，麦叔也准备了一份 Python 入门教程——《麦叔带你学 Python》，帮助你建立起对 Python 的基本认识。

而在你手中的这本书里，麦叔侧重于把自己多年来用得很顺手的 Python 办公方法和技巧分享给大家。

你可能是一名刚刚工作不久的办公室职员，每天都要重复性整理大量的 Word/Excel 文档；你也可能是一名需要对部门业绩负责的管理者，总需要从不同的维度分析手头的经营数据，这本书能够帮助你从以往的工作方法中找到一条新路，虽然会让你花上一些学习成本，但当你真正掌握了 Python 的精髓之后，以往很多恼人的任务，完全可以通过编程实现自动化处理。这不仅大大提升了你的工作效率，更能让你的思维水平提升一个层次。

麦叔曾是一名程序员，不光热爱编程工作，甚至沉迷于对源码的解析。多年以后，我成为了一名技术管理者，渐渐地，我看待问题的角度也发生了微妙的变化，享受于利用精心编写的代码瞬间解决业务难题的美妙瞬间。

后来我发现，将专业 Python 编程的思路、方法和技巧，应用于日常办公，也能产生事半功倍的奇效，因此我将这些适用性特别强的方法分享给我的同事们和公众号的读者，没想到引起了共鸣，大家纷纷将自己的知识分享出来。这就是本书的由来。

目录

第1章 使用 Python 批处理 Word 文案，新手让人刮目相看

第2章 当 Python 遇到 Excel，效率翻倍

第3章 只需几行代码，轻松处理 PDF 文档

第4章 自动群发电子邮件

第5章 Python 日常图像处理技巧

第6章 文件批处理

第7章

使用 Python 生成专业美观的数据型 PPT

编写 Python 爬虫程序，自动抓取网上数据

Python 办公自动化秘籍

引子

学习 Python 不仅可以让你的工作变得更加有趣和高效，还可以让你个人变得更有价值。麦叔的朋友——韩梅梅——可以证明这一点。

当初为了进一个更有名气的工科大学，高考分数不太高的韩梅梅只能退而求其次选择了这所工科大学的英语专业。虽然她的专业八级的成绩不错，但做不了高水平的同声传译工作，因此走不了“英语专业路线”；另外，英语专业学生由于偏向文科，又很难胜任技术型岗位……好在韩梅梅是一个非常积极上进的人，她相信只要勤奋和善于思考，就一定能有好的发展。于是她开始努力地投简历、应聘、面试，最后进入了一家文化公司做文秘工作。

在韩梅梅入职后的第二个月，她就遇到了第一个难题。周四下午 6 点 35 分，韩梅梅和几个同事刚要下班离开办公室，领导就叫住了她们。任务的逻辑本身并不复杂，但由于种种原因而变得很紧急：公司今年要操办某大牌乐队的线上演唱会，一共卖出了 10 万张票，这意味着公司要为 10 万名观众制作电子邀请函（演唱会的电子门票），并且要通过电子邮件将邀请函发送给每一位观众。

邀请函已经由设计师设计好，并且通过公司审核定稿。

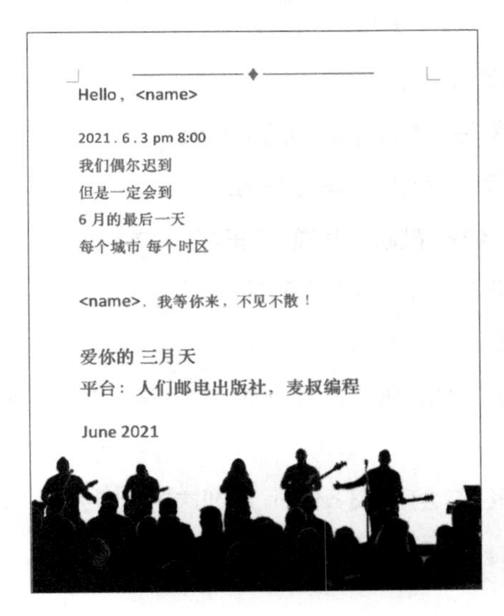
Hello，<name>

2021 . 6 . 3 pm 8:00
我们偶尔迟到
但是一定会到
6 月的最后一天
每个城市 每个时区

<name>，我等你来，不见不散！

爱你的 三月天
平台：人们邮电出版社，麦叔编程

June 2021

同时，老板给韩梅梅发过来一份 Excel 文档，里面是 10 万名观众的信息。

粉丝	手机	报名号	参会密码	邮箱
伊兰蕙	18371836014	9876	le71	mbtbndt@163.com;
史珠佩	18754434386	9877	gq7R	utldqhcfoddbima@tom.com;
杨慧雅	19927631935	9878	UZHa	lmivtlhqmon@265.com;
冯寒凡	14919375298	9879	bH1T	mrp@163.com;
邹竹筱	15207694544	9880	1ZLS	clpoand@etang.com;
郝阿柒	17306751765	9881	zDYN	dcdmsjqogop@eyou.com;
万尔容	15083208574	9882	tT0b	ejd@56.com;
盖芷珊	15760392653	9883	4Woz	fknijacudetm@china.com;

领导的要求也很简单：“东西我全都准备好了啊，这个周末要把邀请函都发出去，靠你们啦，大伙儿辛苦一下。”

公司文秘组的王姐是主管，来公司 5 年了，有丰富的业务经验，十分可靠，也懂得照顾新人；张姐来这个公司快两年了，之前还在其他公司做过文案工作；韩梅梅是最年轻的新员工，刚好补上去年年底离职小妹的空缺。她们三人此时面面相觑，因为与以往承接的各种小型演出和大型现场演唱会不同，这次的演唱会不仅规模大，而且涉及很多线上组织工作，大家心里都没有底。

要想把这 10 万份邀请函通过电子邮件发给观众们，如果手工处理，步骤大概是这样的。

① 复制 Word 模板（大约 1 秒）。

② 从 Excel 表格中复制一名观众的信息，替换 Word 模板里的内容（大约 12 秒）。

③ 修改 word 文档名（大约 2 秒）。

④ 发送电子邮件（大约 15 秒）。

就算按上述步骤进行，每份邀请函的制作与发送工作只需要 30 秒，处理 10 万份也需要 50000 分钟，也就是需要 833 小时，仅靠她们三人断然不可能在下周一前搞定。

王姐是一个干练的人，她快速做出部署。

- 我去其他部门借调几个人。
- 小张，你去招聘网站，看能不能招几个兼职。
- 韩梅梅，你点外卖，我们必须马上开始。

韩梅梅犹豫了一下，但还是鼓起勇气说：“王姐，我学过 Python，要不我来试试写程序？如果能写好，说不定我们周五还能按时下班。”

王姐看了一眼韩梅梅：“你能行吗？”

韩梅梅虽然心里没底，但是她文静的外表下其实有一颗“舍我其谁”的心，她使劲点了点头。

王姐在微信朋友圈里经常会刷到 Python 培训广告，想去学一学，但一直很忙，没有时间。所以她在稍加考虑后，决定让韩梅梅试一试，并改变了部署。

- 我按原计划去借调人，但是明天再决定是否需要他们。
- 小张，招聘广告继续发，明天早上决定要不要让他们来。
- 韩梅梅，你今天马上试试 Python，明天早上让我们看看你的成果。
- 明天咱们提前点来公司，让韩梅梅演示程序，之后再做决定。我给你们打包早饭……

正式开始之前

为了顺畅高效地学习本书的知识，和韩梅梅一起用 Python 开启高效办公之旅，读者最好预先掌握基本的 Python 知识。为此，麦叔精心编写了本书的免费配套资料《麦叔带你学 Python》，以此种形式帮助读者快速掌握基本功。

此外，本书还需要读者做好一些简单的准备工作。

- 安装好 Python 3.8 或以上版本。
- 掌握基本的 Python 语法，知道基本的命令行（CMD）操作。
- 推荐使用 Sublime Text 3 编辑器，读者也可以使用自己喜欢的其他编辑器。

如果你还没有实现上面这些，《麦叔带你学 Python》可以帮你解决所有的问题，你可以现在就去学习这本免费的电子书，也可以继续阅读本书，遇到了问题再去翻阅。

免费电子书获取方法：关注公众号麦叔编程，回复 book1。

第 1 章

使用 Python 批处理 Word 文案，新手让人刮目相看

获取本章代码和相关资料：关注公众号麦叔编程，回复 book2。由于本书前 4 章相互关联，因此各章的资料是放在一起的。

本书后面提到“相关资料”时就是指公众号上提供的资料。

1.1 遇到困难先别怕，理清思路最关键

为了完成这项又急又重的任务，韩梅梅计划把它拆解成 4 个小任务，也就是 4 个程序。

程序 1：给指定的人（比如张三）自动生成 Word 邀请函。

程序 2：从 Excel 表格中读取名单，调用程序 1 为每个人生成邀请函，并保存到文件夹中。

程序 3：使用电子邮件给指定的人（如李四）发送邀请函。

程序 4：从 Excel 表格中读取每个人的电子邮件地址，调用程序 3 发送邀请函。

思考一下：生成每一份邀请函后马上发电子邮件，与先批量生成邀请函再依次发送，两种方法的优势和劣势各是什么？

把一个大任务拆解为若干小任务，然后各个击破，是韩梅梅上学的时候就养成的好习惯，同样可以应用在编程上。

把一个大程序分解成几个小程序，这些小程序可能是函数，也可能是模块。小程序写完了，大程序也就搞定了。

当然，这是一个综合程序，在执行过程中可能会碰到意料之外的问题，比如在一个文件夹中放 10 万个文档可能会让文件夹根本无法打开。但一开始不用太担心这些问题，理清大的思路，一步步走下去，碰到问题再解决就是了。

1.2 用 python-docx 自动生成 Word 邀请函

韩梅梅虽然掌握了一些 Python 编程基础知识与方法，但是如何用 Python 自动生成 Word 文档她并不了解。但是她知道 Python 之所以强大，是因为 Python 拥有极为丰富的模块，几乎可以应对所有的日常任务。所以，只要找到合适的模块，她就应该能解决眼下的难题。

对，就这么干！要解决一个问题，首先应看看是否已经有人写好了相关的模块。

韩梅梅根据自己的任务特点，在网上搜索到了很多与 Word 相关的模块，最后决定使用 python-docx 模块。

要使用 python-docx 模块，需要先把它安装到自己的计算机上，命令如下：

```
python -m pip install python-docx
```

韩梅梅打开代码编辑器，新建了一个名为 hello.py 的文件（Python 代码），并在文件中写入如下代码：

```
import docx
# 使用docx模块的Document类创建新文档，并赋值给变量doc
```

```
doc=docx.Document()
# 在文档doc中添加一行标题样式的文字
doc.add_heading('我的第一个自动Word文档', 0)
# 把doc保存到硬盘，取名为hello.docx
doc.save('hello.docx')
```

参考源码：hello.py（可以在参考资源中找到）

在命令行窗口下运行代码，韩梅梅看到在同目录下出现了名为 hello.docx 的文档，这就说明文档创建成功。

运行代码的步骤是，打开命令行，并切换到代码所在的目录，然后执行：

```
python hello.py
```

值得注意的是，这里安装的模块是 python-docx，但使用 import 命令引入的时候使用的是 docx。

> **TIPS**
> 代码中 # 号后面的内容，为麦叔对代码的解释说明，它们不会对代码产生任何效果。

这时基本工作做好了，但是关键问题来了，如何用 python-docx 生成邀请函呢？

韩梅梅打开邀请函模板，仔细观察了一下（图 1.1）。

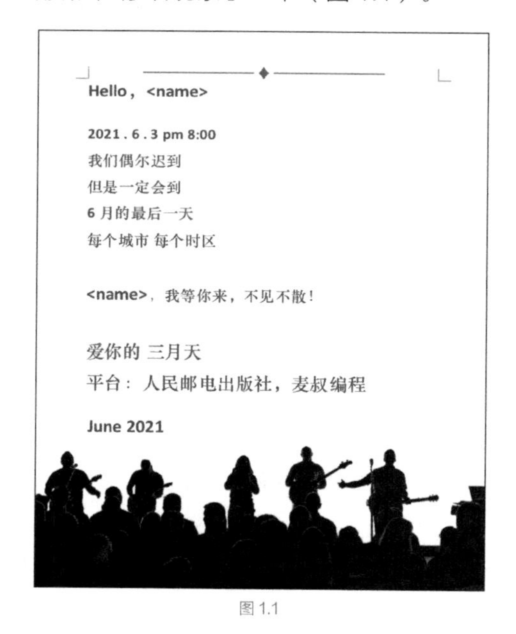

图 1.1

模板中所有标识 <name> 的地方，都要用 Excel 表格中观众的真实名字来替换。因为已经确定了模板，所以韩梅梅并不需要从零开始用代码生成邀请函文档，只需在模板上替换名字就可以了。假设要为名为“张三”的观众生成邀请函，那么只需要 3 步。

① 打开邀请函模板。

② 把模板中的所有 <name> 替换成“张三”。

③ 保存文档，并把新文档命名为“张三 .docx”。

不管是手工操作，还是用程序自动实现，过程都是一样的。

接下来，韩梅梅新建了一个名为 invite.py 的文档，然后写入如下代码：

```
import docx
name = '张三' # 观众的名字
template = 'template.docx'  # 模板的文档名
name_placeholder = "<name>" # 要被替换的字符，也被称为占位符
doc = docx.Document(template)
# 循环遍历每个段落
for para in doc.paragraphs:
    if name_placeholder in para.text:
        # 循环遍历段落中的每一组文字
        for run in para.runs:
            if name_placeholder in run.text:
                # 用具体名字替换占位符
                run.text = run.text.replace(name_placeholder, name)
    doc.save(f'{name}.docx')
```

参考源码：invite1.py

在理解代码之前，需要理解 Word 文档的结构。假设 Word 文档的名字为 doc，某个段落名为 para。

一个文档中有多个段落，用 doc.paragraphs 获取；段落中的文字用 para.text 获取。

一个段落中可能会有多种不同样式的文本，比如“**麦叔**是一个*程序员*”这句话包含了 3 种不同的样式。其中，“**麦叔**”为粗体，“是一个”三个字为正常字体，“*程序员*”三个字为斜体。这些不同的样式被称为 run。一个段落包含多个 run，用 para.runs 获取。一个 run 中的具体文本用 run.text 获取。

了解了这些内容，现在再来看代码就容易懂了。

首先定义 3 个变量，分别为观众的名字、模板文档的名字，以及要被替换的字符串。这些变量在后面会被反复使用。

然后使用 docx.Document(template) 加载模板文档。当 Document 没有参数的时候就创建新文档，有参数的时候就加载参数指定的文档。这里通过 template 变量指定了模板文档的名字为 template.docx。模板文档被赋值给变量 doc。

再循环遍历 doc 中的每个段落，其中 doc.paragraphs 是文档中所有的段落。

第 10 行判断当前段落中的文字 para.text 是否包含要被替换的字符 name_placeholder，如果包含则处理该段落。

接着循环处理段落中的每个 run，判断 run.text 中是否包含 name_placeholder：如

果包含，则使用run.text.replace()函数把name_placeholder替换为name，也就是张三。把替换后的文字赋值给 run.text，这样就改变了这段文本的内容。

下载 template.docx 并保存到代码的同一个目录下，然后运行程序，就会生成“张三.docx”。打开检查一下，里面的占位符都被替换成了“张三”（图 1.2）。

图 1.2

你可能会想，是否可以直接替换 para.text，这样就不用去循环处理 run 了。

这是一个很好的想法，但行不通。因为直接去替换 para.text 会导致样式丢失，不信你就试一试。

为了方便以后反复使用，韩梅梅把上面的代码放到了一个函数中，把要被替换的名字用参数传递进去：

```
import docx

def invite(name):
    template = 'template.docx'  # 模板的文档名
    name_placeholder = "<name>"  # 要被替换的字符，也被称为占位符
    doc = docx.Document(template)
    # 循环遍历每个段落
    for para in doc.paragraphs:
        if name_placeholder in para.text:
            # 循环遍历段落中的每一组文字
            for run in para.runs:
                if name_placeholder in run.text:
                    # 用具体名字替换占位符
                    run.text = run.text.replace(name_placeholder, name)
```

```
    doc.save(f'{name}.docx')
invite('张三')
invite('李四')
```

参考源码：invite2.py

这段代码创建了一个名为 invite 的函数，它只有一个参数 name，表示观众的名字。然后调用两次这个函数，为张三和李四创建邀请函。

运行上面的代码，应该会生成“张三 .docx”和“李四 .docx”。检查里面的内容，确保名字都被正确替换。

到这里，韩梅梅顺利地完成了第一个小任务，也就是给指定的人自动生成 Word 邀请函。

接下来，只要能从 Excel 表格中读取所有人的信息，就可以为每个人生成一份邀请函。

在继续执行下一个任务之前，我们来系统梳理一下自动处理 word 文档的关键知识。

1.3 Word 办公自动化核心精讲

看完了韩梅梅的案例，让我们回过头来系统回顾一下 Word 自动化技术，加强你对相关知识的理解。

1 读取 Word 文档的段落

Word 文档不同于普通的记事本文档，它包含了字体、大小、颜色和其他样式信息。Word 文档结构如下（图 1.3）。

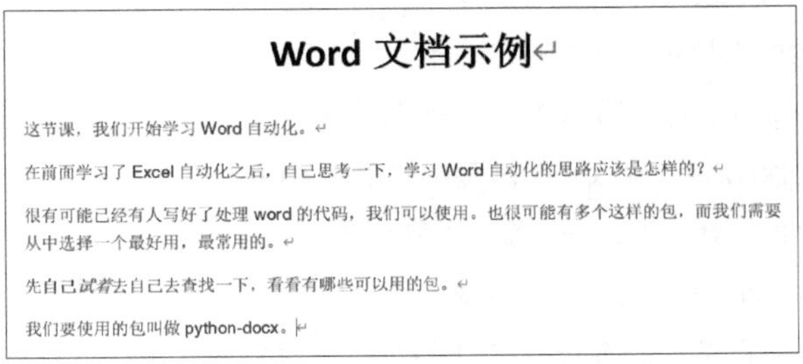

Word 文档示例

这节课，我们开始学习 Word 自动化。

在前面学习了 Excel 自动化之后，自己思考一下，学习 Word 自动化的思路应该是怎样的？

很有可能已经有人写好了处理 word 的代码，我们可以使用。也很可能有多个这样的包，而我们需要从中选择一个最好用，最常用的。

先自己*试着*去自己去查找一下，看看有哪些可以用的包。

我们要使用的包叫做 python-docx。

图 1.3

一个文档中可能包含多个段落（paragraph），一个段落可能由多种不同字体样式的部分组成。这些不同的字体样式被称为 run。

在示例文档中共有 6 个段落，其中的标题也算是一个段落。如果文档的下面有空行，也会被识别为段落。

倒数第二段包含了粗体、斜体、黄色背景以及红色文字样式。每当有字体或者样式的变化，都会产生一个新的 run。

下面我们来读取文档并验证里面的内容：

```
import docx
doc=docx.Document('Word文档示例.docx')
# 使用len()函数获取段落数
pnums=len(doc.paragraphs)
print(f'本文档共有{pnums}个段落')
for index, p in enumerate(doc.paragraphs):
    # 打印每个段落中run的个数
    print(f'第{index+1}段有{len(p.runs)}个run')
```

参考源码：read_doc.py

2 读取文档中的文本

要读取文档的文本内容，并没有类似 doc.text 这样的方法，但我们可以读取 paragraph 和 run 中的文本：paragraph.text 和 run.text。

让我们继续完善上面的程序，读取各段落中的内容：

```
print('============我们通过p.text读取段落中的文本')
for p in doc.paragraphs:
    print(p.text)
```

也可以分别读取每个 run 中的文本：

```
print('============我们通过r.text读取run中的文本')
for index, p in enumerate(doc.paragraphs):
    print(f'第{index+1}段有{len(p.runs)}个run:')
    for r in p.runs:
        print(r.text)
```

总结一下，读取文档中的文本的方法如下。

- doc.paragraphs：读取文档中的所有段落。
- paragraph.runs：读取一个段落中的所有 run。
- paragraph.text：读取一个段落中的文本。
- run.text：读取一个 run 中的文本。

我们可以通过下面的代码来验证它们分别是什么类型的数据：

```
print('============查看各种对象的类型')
print(f'doc是：{type(doc)} 类型')
print(f'doc.paragraphs是：{type(doc.paragraphs)} 类型')
print(f'paragraph是：{doc.paragraphs[0]} 类型')
print(f'paragraph.runs是：{type(doc.paragraphs[0].runs)} 类型')
print(f'run是：{type(doc.paragraphs[0].runs[0])} 类型')
```

3 读取整篇文档的文本

前面我们说过，Python-docx 模块中并没有可以读取整个文档中所有文本的方法，但我们可以自己动手实现一个：

```
import docx

def read_doc(filename):
    """
    给定docx文档的名字，返回文档的所有文本内容，不同段落用\n隔开
    """
    doc = docx.Document(filename)
    texts = []
    for p in doc.paragraphs:
        texts.append(p.text)
    return '\n'.join(texts)

full_text = read_doc('Word文档示例.docx')
print(full_text)
```

参考源码：read_doc2.py

接着，我们尝试做一些改进。

比如，要在每个段落中间再加一个空行，只需在 join 前增加两个 \n 即可：

```
'\n\n'.join(texts)
```

要在每个段落的开头都加上两个空格，只需要在调用 append() 函数的时候多传入两个空格：

```
texts.append('  ' + p.text)
```

另外，如果我们写错了文档的名字，程序就会报错，但是这些错误只有程序员才能看懂。为此，我们可以进一步完善代码，让它能够给出更清晰的提示：

```
import docx
def read_doc(filename):
    """
    给定docx文档的名字，返回文档的所有文本内容，不同段落用\n隔开
    """
    try:
        doc = docx.Document(filename)
    except:
        return f'读取文档出错，可能是文档名不对：{filename}'
    texts = []
    for p in doc.paragraphs:
        texts.append(p.text)
```

```
    return '\n'.join(texts)
full_text = read_doc('Word文档示例1.docx')
print(full_text)
```

4 写入 Word 文档

最开始我们就尝试了创建一份全新的文档，将内容写入文档。我们可以先看一下 docx 的 Document 对象提供了哪些方法：

```
import docx
import pprint
doc=docx.Document()
print('doc包含如下方法：')
pprint.pprint(dir(doc))
```

在这些方法中，以双下划线“__”或者单下划线开头的都是私有的方法，外人是不应该使用的，麦叔也不推荐你使用。另外，我们看到有好几个以 add 开头的方法，这些就是往里面添加内容的方法啦：

```
add_paragraph
add_run
add_title
addpagebreak
```

下面的代码使用了这些方法：

```
import docx
import pprint
doc = docx.Document()
print('doc包含如下方法：')
pprint.pprint(dir(doc))
doc.add_paragraph('这是第一段！')
p2 = doc.add_paragraph('这是第二段！')
p2.add_run('网址是：qingke.me')
doc.add_page_break()
doc.add_paragraph('这是第四段')
doc.save('newdoc.docx')
```

参考源码：create_doc.py

5 练习与巩固

- 写一个函数，返回一篇文档中第一个段落的文本。
- 写一个函数，返回一篇文档的第五段文本；如果没有第五段落，则打印“没有第五段！”

答案源码：answer.py

练习的相关答案，可以在本章资料中获得。

1.4 加强邀请函程序

韩梅梅只是在邀请函中替换了模板中的人名，要想增强这个程序，除了替换名字，也要替换电话号码和座位号。

这时候的模板也有所变化，里面出现了 PHONE 和 SEAT 两个额外的占位符用来表示电话和座位号。这两个占位符没有使用尖括号，但这不要紧，只要替换的时候不加尖括号就可以了（图 1.4）。

图 1.4

请使用 template2.docx 作为模板：

```
from docx import Document
NAME = '<name>'
PHONE = 'PHONE'
SEAT = 'SEAT'

def invite(name, phone, seat):
    doc = Document('template2.docx')
    for p in doc.paragraphs:
        for r in p.runs:
            if NAME in r.text:
                r.text = r.text.replace(NAME, name)
            if PHONE in r.text:
                r.text = r.text.replace(PHONE, phone)
```

```
            if SEAT in r.text:
                r.text = r.text.replace(SEAT, seat)
    doc.save(f'{name}-{phone}.docx')

invite('张三', '18812345678', 'D3B20')
```

参考源码：invite3.py

这段代码首先定义了 3 个占位符，然后给 invite() 函数添加了 phone 和 seat 两个参数表示手机和座位号（原本有 name 参数），并用这 3 个参数分别替换 NAME、PHONE 和 SEAT 3 个占位符，最后给文档名字也加了电话号码。

1.5　小结

本章虽然不能涵盖 Word 自动化的所有方面，但重点介绍了 Python 办公自动化的核心概念和思路，并通过一个日常工作中经常会遇到的案例，介绍了使用 Python 办公自动化处理 Word 文档的方法。

自动生成邀请函的程序很简单：打开模板，替换内容，保存文档。这一系列操作同样可以应用在自动生成合同、自动生成门票等需要大量重复制作 Word 文档的场景。

第 2 章

当 Python 遇到 Excel，效率翻倍

获取本章代码和相关资料：关注公众号麦叔编程，回复 book2。

使用 Python 实现了自动生成邀请函的程序后，韩梅梅顿时觉得轻松了不少。虽然已经到了晚上 8 点钟，但她不敢多休息，因为明天早上 7 点就要演示程序的效果。她站起身，喝了点水，又在屋里走了几圈，开始思考如何设计程序 2，也就是从 Excel 表格中读取观众名单，调用程序 1 去分别生成邀请函，并保存到文件夹中。

2.1　批量生成邀请函

继续搜索，韩梅梅找到了特别适合处理 Excel 表格数据的模块 OpenPyXL，这个名字还算好记，Open 表示开放，Py 表示 Python，而 XL 表示 Excel。

安装 OpenPyXL 只需要一行代码：

```
python -m pip install openpyxl
```

完成后，韩梅梅创建了一个名为 hello_excel.py 的文件，并在里面写入如下代码：

```
# 引入OpenPyXL模块
import openpyxl
# 使用Workbook类创建一个新的文档
excel_file = openpyxl.Workbook()
# 一个Excel文档中有多个表格，active表示当前被打开的表格
worksheet = excel_file.active
# 给表格中的前10行的第1列写入文字"麦叔"
for i in range(10):
    #给表格的第i+1行的第1列写入文字“麦叔”
    worksheet.cell(i+1, 1, '麦叔')
# 保存文档到hello.xlsx
excel_file.save('hello.xlsx')
```

参考源码：hello_excel.py

运行代码，如果在同一目录下出现了名为 hello.xlsx 的文档，就说明准备好了。

成功运行后，打开麦叔 .xlsx，里面的内容是这样的（图 2.1）。

	A	B
1	麦叔	
2	麦叔	
3	麦叔	
4	麦叔	
5	麦叔	
6	麦叔	
7	麦叔	
8	麦叔	
9	麦叔	
10	麦叔	

图 2.1

接着，需要从 Excel 表格中读取观众的名单了，而在实现本程序前，需要先下载 names.xlsx 文件（图 2.2）。

此时要做的，就是从图 2.2 所示的这个表格中读取名单。一开始可以只读取姓名，先不去管电话和座位号。

韩梅梅新建了一个名为 read_name.py 的文件，确保这个文件和 names.xlsx 在同一个目录下，并在 read_name.py 中写入下面的代码：

```
# 使用load_workbook()函数读取names.xlsx
excel_file = openpyxl.load_workbook("names.xlsx")
worksheet = excel_file.active
# worksheet.rows表示当前表格的所有行，循环遍历每一行
for row in worksheet.rows:
    # 一个row里面包含很多单元格(cell)
    # 使用row[下标]可以读取row中指定的cell
    # 因为要读取第一个单元格（第一列），所以使用row[0]。row[0].value表示单元格里的具体值，也就是要读取的姓名
    name = row[0].value
    print(name)
```

参考源码：read_name.py

运行上面的代码，会输出结果（图 2.3）。

姓名	电话	座位号
张三1	13505810001	20301
张三2	13505810002	20302
张三3	13505810003	20303

图 2.2

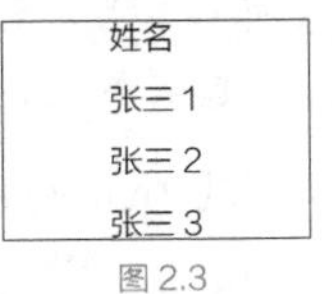

图 2.3

这里有点小问题，第一行的“姓名”两个字也被打印出来了，而我们只需要真正的姓名，不需要表头，所以需要把程序修改一下：

```
import openpyxl
excel_file = openpyxl.load_workbook("names.xlsx")
worksheet = excel_file.active
# enumerate()函数可以给序列中的元素加上编号
# 原本的一个row对象，就变成了一对:index、row两个对象
# 前面的index表示这个row是第几行，计数从0开始
for index, row in enumerate(worksheet.rows):
    # 由于最上面一行是表头，因此只有当index > 0的时候才打印name
    if index > 0:
        name = row[0].value
        print(name)
```

参考源码：read_name2.py

保存并运行新的代码，打印出来的就只有姓名了（图 2.4）。

张三 1
张三 2
张三 3

图 2.4

现在，韩梅梅已经得到名单了，此时只需要调用 invite2.py 中的 invite() 函数，就可以自动给 Excel 表格中的每一位观众生成邀请函了。

确认 invite2.py 和 read_name.py 在同一个目录下，然后修改 read_name.py：

```
# 引入invite2模块
import invite2
excel_file = openpyxl.load_workbook("names.xlsx")
worksheet = excel_file.active
for index, row in enumerate(worksheet.rows):
    if index > 0:
        name = row[0].value
        # 调用invite()函数生成邀请函
        invite2.invite(name)
```

参考源码：read_name3.py

运行上面的代码，可以看到文件夹下已经为张三 1、张三 2 和张三 3 生成了邀请函。

离成功又近了一步，但韩梅梅仔细一看，发现 invite2.py 还是不太对劲。当调用 invite2 的时候，除了调用它生成的邀请函之外，它还会自己生成两份邀请函——张三 .docx 和李四 .docx。

TIPS

如果你的文件夹下本来就有这两个文件，先删除它们，再运行 read_name.py，看看它是否真的自动生成了这两个文件。Excel 表格中并没有这两个名字，只有张三 1、张三 2 等。

原来，为了测试 invite() 函数，invite2.py 在最下面调用了 invite() 函数：

```
import docx

def invite(name):
    # --省略--
    doc.save(f'{name}.docx')

invite('张三')
invite('李四')
```

所以当 invite2.py 被引入的时候，最下面的代码也被执行，自动生成了这两份文档。

虽然删掉最下面的调用语句很简单，但为了方便测试，韩梅梅保留了下面的代码，不过做出了一点调整：

```
if __name__ == '__main__':
    invite('张三')
    invite('李四')
```

参考源码：invite4.py

其中，__name__ 是 Python 中的一个魔术变量，当一个文件被加载的时候，Python 会自动添加这个变量并给它赋值。如果文件是被 Python 直接执行的，那么要把它的值设置为 __main__ 或文件的名字。

这样就可以通过这个变量来区分文件是被直接执行，还是被引入，只有被直接执行的时候才会运行这些测试代码。实际效果是：如果直接执行 python invite2.py，会运行最下面的 invite('张三')；如果引入 invite2，则不会运行这一行代码。

现在，所有生成的邀请函和代码都被放在了一起，看起来很乱，做事一向井井有条的韩梅梅决定优化一下程序。

她首先修改了 invite() 函数，除了名字，该函数也可以接受一个参数 folder，表示要保存的文件夹：

```
import docx
import time
import os  # 引入os模块，用来创建文件夹
# 增加参数folder表示文件夹
def invite(name, folder):
    template = 'template.docx'
    name_placeholder = "<name>"
    doc = docx.Document(template)
    for para in doc.paragraphs:
        if name_placeholder in para.text:
            for run in para.runs:
                if name_placeholder in run.text:
                    run.text = run.text.replace(name_placeholder, name)
    # 如果文件夹不存在，则自动创建文件夹
    if not os.path.exists(folder):
        os.makedirs(folder)
    # 保存的时候指定文件夹
    doc.save(f'{folder}/{name}.docx')

if __name__ == '__main__':
    # 调用的时候要传入文件夹，.代表当前文件夹
    invite('张三', ".")
invite('李四', ".")
```

参考源码：invite5.py

然后修改 read_name.py，调用 invite() 函数的时候传入文件夹名字：

```
import openpyxl
# 引入invite2模块
import invite2
```

```
excel_file = openpyxl.load_workbook("names.xlsx")
worksheet = excel_file.active
for index, row in enumerate(worksheet.rows):
    if index > 0:
        name = row[0].value
        # 调用invite()函数时，传入"letters"作为文件夹名字
        invite2.invite(name, 'letters')
```

参考源码：read_name4.py

运行以上代码，就会在代码的同一目录下创建一个名为 letters 的文件夹，生成的邀请函都保存到这个文件夹下。

现在，另一个麻烦的问题又出来了。

如果把 10 万份邀请函都放在这个 letters 文件夹，会导致它的打开速度变得非常缓慢。所以还需要继续优化程序，让邀请函平均存放在多个文件夹下，每个文件夹下最多保存 1000 个文件。

这次只要修改 read_name.py 就可以了：

```
import openpyxl
import invite2
excel_file = openpyxl.load_workbook("names.xlsx")
worksheet = excel_file.active
for index, row in enumerate(worksheet.rows):
    if index > 0:
        name = row[0].value
        # 根据名字所在的行数决定将它保存在哪个子文件夹下
        # index除以1000，然后转换成整数，就让0到999的index转换后都成了0，1000到
1999都变成了1，以此类推
        subfolder = int(index/1000)
        # 给invite()函数传入由letters以及子文件夹拼成的文件夹
        invite2.invite(name, f'letters/{subfolder}')
```

参考源码：read_name5.py

运行上面的代码，会在代码目录下创建 letters 文件夹，下面又有多个子文件夹。前 1000 份邀请函保存在子文件夹 0 下，第 1000 到 1999 份邀请函保存在子文件夹 1 的下面，以此类推。

到此，程序 2 完成了。10 万份邀请函都创建出来了，并保存在 letters 文件夹下的 100 个子文件夹下。

最后，韩梅梅发现这个程序还有一处小小的瑕疵。现在 Excel 表格的文件名 names.xlsx 是写在代码里的，如果文件名换了，就要修改代码，很不方便，还可能不小心把代码改错。

更改文件名是个很常用的操作，比如有一份 Word 文档里面只有 3 个名字，后来我们创建了一个新的文档，里面有 300 个名字，再后来的正式文件里面有 80000 个名字。如果每次测试不同的文件都要修改代码，就显得很不专业。

为此，我们稍微修改一下，就可以用命令行传入文件名，这样一来，就算更换了文件，也不用修改代码了：

```
import openpyxl
import invite2
# 引入sys模块，用来读取参数
import sys
# 判断参数，如果参数小于2，则提示用户输入文件名并退出程序
# Python程序的第一个参数是Python文件名，所以第二个参数才是文件名
if len(sys.argv) < 2:
    print('运行时必须输入名单文件名，如names.xlsx')
    sys.exit()
# 读取文件名
filename = sys.argv[1]
excel_file = openpyxl.load_workbook(filename)
# --省略--
```

参考源码：read_name6.py

这样就可以在不修改代码的情况下使用不同的文件了，但我们必须在命令行下或者 VS Code 终端通过命令运行代码：

```
python create_invites.py names.xlsx
```

2.2 自动读取 Excel 表格中的内容

通过韩梅梅的任务，你已经了解了 Python 自动化处理 Excel 表格的基本方法，现在，麦叔以更系统的方式来介绍更多的知识与技巧。当你掌握了以下内容后，便可以灵活应对工作中碰到的各种情况。

在这一节，麦叔将会以 sales_sample.xlsx 为例，请你提前下载好这个文件（图 2.5）。

这个 Excel 表格中保存了一个连锁商店的销售数据，前两行是这家商店和店长的编号。从第 4 行开始，分别记录了销售商品的日期、商品代号、进价、售价和数量。

本节的主要目标是教会你自如地读取 Excel 表格的内容，比如：读取 sheet2 里面的内容，读取指定格式的内容（比如第 6 行的第 3 列），读取一个矩形范围内的多个单元格的内容（比如图 2.5 中选定的从 B5 到 D12）。

	A	B	C	D	E
1	门店编号	D101			
2	经理编号	M101			
3					
4	日期	商品	进价	售价	数量
5	2020/1/1	G051	128.77	155.78	23
6	2020/1/1	G021	77.96	119.97	39
7	2020/1/1	G022	43.65	59.15	3
8	2020/1/1	G088	168.89	254.32	5
9	2020/1/1	G045	43.5	57.29	44
10	2020/1/2	G038	162.38	256.98	19
11	2020/1/2	G007	63.64	97.68	20
12	2020/1/2	G094	137.03	164.65	2
13	2020/1/2	G083	41.74	54.05	28
14	2020/1/2	G014	127.44	157.92	33
15	2020/1/2	G051	47.37	65.74	36
16	2020/1/3	G012	26.51	41.69	30
17	2020/1/3	G098	80.21	124.3	3
18	2020/1/3	G031	84.77	122.47	26
19	2020/1/3	G051	3.25	4.26	30
20	2020/1/3	G020	7.75	10.53	4

图 2.5

要想轻松地处理 Excel 表格中的数据，需要深刻理解 Excel 文档的几个核心概念。

- workbook 表示一个 Excel 文档。
- worksheet 表示一张表格（或工作表），一个 Excel 文档可包含多张表格。
- cell 表示一个单元格，一张表格包含很多单元格，单元格属于某一行和某一列，单元格中的具体内容可以用 cell.value() 获取。

前面已经学习了如何创建新的表格、如何加载已经存在的表格，以及如何使用 active 属性打开多个表格中的某一个。

下面展示了更灵活的读取表格的方法：

```
import openpyxl

wb = openpyxl.load_workbook('sales_sample.xlsx')
# 获取当前被打开的表格
ws = wb.active
print(f'当前被打开的worksheet是：{ws.title}')
# 获取所有表格的名字
sheetnames = wb.sheetnames
print(f'一共有这几个worksheet: {sheetnames}')
# 根据名字读取
ws = wb['Sheet1']
print(f'Sheet1对应的表格是：{ws.title}')
# 根据下标读取
ws = wb.worksheets[2]
print(f'第三个表格是：{ws.title}')
# 可以直接用for循环遍历每个表格，因为表格是可以被遍历的
for ws in wb:
    print(ws.title)
```

参考源码：sales1.py

上面的代码展示了几种访问 worksheet 的方法，代码中的 ws 表示 worksheet，wb 表示 workbook。

- 获得所有名字：wb.sheetnames 返回当前文件中所有表格的名字，它是一个列表。
- 根据名字，wb['sheetx'] 返回名为 sheetx 的表格，以此类推。
- 根据下标，wb.worksheets[2] 返回第三个表格，以此类推。

处理 Excel 文档的第一步是获得表格，下一步就可以读取表格中单元格（cell）的内容。以 sales_sample.xlsx 为例：

```
import openpyxl
wb=openpyxl.load_workbook('sales_sample.xlsx')
ws=wb.worksheets[0]
```

下面的代码展示了多种读取单元格的方法。现在请打开交互式 Python，在里面试验下面的方法。

使用 cell() 函数传入行数和列数：

```
cell = ws.cell(1,1)
print(cell.value)
```

这是最简单直接的方法，这个方法还可以接受第三个参数，下面的代码把第 1 行第 1 列的单元格的值设置为“hello”。

```
cell = ws.cell(1,1, 'hello')
```

除了用行数和列数表示单元格的位置，还可以用字母和数字的组合来表示单元格的位置，比如 G051 的位置是 B5（图 2.6）。

	A	B	C	D	E
2	经理编号	M101			
3					
4	日期	商品	进价	售价	数量
5	2020/1/1	G051	128.77	155.78	23
6	2020/1/1	G021	77.96	119.97	39
7	2020/1/1	G022	43.65	59.15	3
8	2020/1/1	G088	168.89	254.32	5
9	2020/1/1	G045	43.5	57.29	44

图 2.6

我们可以基于这种表示方法访问单元格：

```
ws['B5']  # G051
ws['A4']  # 2020/1/1
```

这种表示方法特别灵活，下面举几个例子。

如果只指定数字，也就是行数，就表示读取一行，它返回的是一个包含本行所有单元格的元组：

```
ws['5']  # 读取第5行
```

读取一列，它返回的是一个包含本列所有单元格的元组：

```
ws['B'] # 读取第2列
```

传入用冒号隔开的行数，就可以读取多行，它返回的是一个二维元组，元组里的每个元素表示一行，里面的元组本身也是元组，包含本行的所有单元格：

```
ws['5:8'] # 读取第5到第8行
```

同理，传入冒号隔开的列数，可以读取多列，它返回的是一个二维元组，里面的每个元素是一列：

```
ws['B:D'] # 读取第B到D列
```

有时候，我们要获取表格中的一个矩形范围内的单元格，比如读取 G051 到 164.65 这个矩形（图 2.7）。

	A	B	C	D	E
1	门店编号	D101			
2	经理编号	M101			
3					
4	日期	商品	进价	售价	数量
5	2020/1/1	G051	128.77	155.78	23
6	2020/1/1	G021	77.96	119.97	39
7	2020/1/1	G022	43.65	59.15	3
8	2020/1/1	G088	168.89	254.32	5
9	2020/1/1	G045	43.5	57.29	44
10	2020/1/2	G038	162.38	256.98	19
11	2020/1/2	G007	63.64	97.68	20
12	2020/1/2	G094	137.03	164.65	2
13	2020/1/2	G083	41.74	54.05	28
14	2020/1/2	G014	127.44	157.92	33
15	2020/1/2	G051	47.37	65.74	36
16	2020/1/3	G012	26.51	41.69	30
17	2020/1/3	G098	80.21	124.3	3
18	2020/1/3	G031	84.77	122.47	26
19	2020/1/3	G051	3.25	4.26	30
20	2020/1/3	G020	7.75	10.53	4
21					

图 2.7

这时候，只要把左上角和右下角的单元格坐标用冒号隔开就可以：

```
ws['B5:D12']
```

有时候，表格里的行数和列数是动态变化的，我们需要用程序获取具体的行数和列数，再做相应的处理：

```
ws.max_row    # 总行数
ws.max_column # 总列数
```

对于动态的表格，更常见的做法是循环访问每一行，然后循环访问本行的每一个单元格：

```
for row in ws.rows:
    for cell in row:
      print(cell.value)
```

也可以按列来循环，它与按行的区别在于单元格的顺序，按行的顺序是 A1，B1，C1……A2，B2，C2 等，而按列是 A1，A2，A3……B1，B2，B3 等：

```
for col in ws.columns:
    for cell in col:
        print(cell.value)
```

上面的方法会循环遍历所有的行和列，但有时候我们只想循环遍历部分行和列，这时要使用 iter_rows() 和 iter_cols() 函数，因为它们可以指定最小行数、最小列数、最大行数和最大列数。

```
# 循环遍历第2~4行，每一行只循环遍历第2~4列
for row in ws.iter_rows(min_row=2, max_row=4, min_col=2, max_col=4):
    for cell in row:
      print(cell.value)
```

其中包含了 4 个参数：min_row 为最小行数，max_row 为最大行数，min_col 为最小列数，max_col 为最大列数。

如果不指定任何参数，就是循环遍历所有的行和列。如果只指定 min-row，而没指定 max_row，就是访问从 min_row 开始的所有行；min_col 也是同样的道理。

iter_cols() 和 iter_rows() 函数类似，区别就是按列循环遍历，而不是按行：

```
for col in ws.iter_cols(min_row=2, max_row=4, min_col=2, max_col=4):
    for cell in col:
        print(cell.value)
```

前面介绍的各种方法都是为了获得一个单元格，然后通过 cell.value() 函数获得里面的值。但是我们也可以直接循环遍历值：

```
# ws.values和ws.rows类似，但返回的直接就是value，而不是cell
for row in ws.values:
    for value in row:
        print(value)

# 这就是上面的iter_rows()函数，它可以接受额外的参数values_only=True
# 有了这个参数，它返回的是value，而不是cell
for row in ws.iter_rows(values_only = True):
    for value in row:
        print(value)

# 这个参数同样适用于iter_cols()函数
for col in ws.iter_cols(values_only = True):
    for value in col:
        print(value)
```

根据上面学习的知识，结合 sales_sample.xlsx，请你试着实现以下功能，看看自己是否真正掌握了这些方法。

- 读取门店编号。
- 读取经理编号。
- 读取所有商品的名字，要求去掉重复的名字。
- 计算 G051 卖出的总件数和总销售额。

请尽量自己完成，不懂的时候去回顾前面所学的知识，以及 Python 基础知识。下面是参考答案：

```
# 读取门店编号
ws.cell(1,2)
ws['B1']

# 读取经理编号
ws.cell(2,2)
ws['B2']

# 读取所有商品的名字，要求去掉重复的名字
products = []
for row in ws.iter_rows(min_row=5, min_col=2, max_col=2):
    for cell in row:
        if cell.value not in products:
            products.append(cell.value)
print(products)

# 计算G051卖出的总件数和总销售额
total_amount = 0
money_amount = 0.0
for row in ws.iter_rows(min_row=5, values_only=True):
    if row[1] == 'G051':
        total_amount += int(row[4])
        money_amount += int(row[4]) * float(row[3])
print(f'total amount: {total_amount}')
print(f'money amount: {money_amount}')
```

2.3　将海量数据写入 Excel 表格

相对于从 Excel 表格中读取数据，把数据写入 Excel 表格要简单点，下面的代码演示了 6 个常见的操作。

① 创建新的 Excel 文档。

② 创建新的表格。

③ 复制表格。

④ 往单元格中写入数据。

⑤ 一次性写入一行数据。

⑥ 删除表格。

然后，将这些步骤变成代码：

```
import openpyxl
# 不传参数就会创建一个新的Excel文档
wb = openpyxl.Workbook()
# 创建新的表格，参数是表格的名字，新的表格放在最后
wb.create_sheet('汇总表')
# 创建新的表格，并指定新表格的位置，下面的0表示要把新表格放在最前面
wb.create_sheet('汇总表2', 0)
# 根据一个表格，复制一个新的表格，下面的代码把第一个表格(下标为0)复制了一份并放在最后
source_ws = wb.worksheets[0]
target = wb.copy_worksheet(source_ws)
ws = wb.worksheets[0]
# 使用等号给单元格赋值
ws['A1'] = 12

# 使用cell()函数给单元格赋值，前两个参数是单元格的坐标，第三个参数是要设置的值
ws.cell(3, 2, 'Hello')
# 一次性写入一行数据，代码会在当前表格中添加一行，其中有5个单元格：ws.append([1, 2,
3, 4, 5])
# 删除一个表格：先读取表格，然后调用wb.remove()删除它
summary_ws = wb['汇总表']
wb.remove(summary_ws)

wb.save('newfile.xlsx')
```

一旦掌握了这些写入数据的操作，并能综合运用 Python 的编程知识，再大的数据量也不在话下。

2.4 综合案例——拆分 10 万条数据

下面麦叔通过一个案例，教大家运用 Python 和 Excel 知识解决常见问题的方法。

本节使用的 keywords.xlsx 文件中每一行的最后一列都有很多关键词。

序号	年份	出版物	关键词
1	2019	浙大学报	人工智能；深度学习；CNN；RNN；虹膜识别

我们需要根据关键词进行分割，让一行变成多行，每一行只包含一个关键词，例如上面这一行数据会被分割成下面的 5 行。keywords.xlsx 中有几千条数据，最后被拆分的表格中有大约 10 万条数据。

序号	年份	出版物	关键词
1	2019	浙大学报	人工智能
2	2019	浙大学报	深度学习
3	2019	浙大学报	CNN
4	2019	浙大学报	RNN
5	2019	浙大学报	虹膜识别

第一个任务是编写程序主流程。

我们先读取数据，创建新表格，把数据原封不动地保存到新的表格中，这样就实现了一个基本的流程，具体的关键词分割功能后面再去完善：

```
import openpyxl

file = 'keywords.xlsx'
wb = openpyxl.load_workbook(file)

sheet = wb['Sheet']
row = sheet.max_row
col = sheet.max_column
print(f'开始处理数据，共有{row}行，{col}列')

# 创建名为Result的新表格来保存拆分后的结果
# 创建前先检查Result是否已经存在，如果存在，先删除已存在的表格
sheet2_name = 'Result'
if 'Result' in wb.sheetnames:
     sheet2 = wb[sheet2_name]
     wb.remove(sheet2)

# 创建新的表格
sheet2 = wb.create_sheet(sheet2_name)

# 把关键词写入新表格，这些代码是临时的，后面会被具体的处理逻辑替换
for row in sheet.rows:
     sheet2.append([row[3].value])

wb.save(file)
```

运行代码，会发现 Result 表格创建好了，里面也写入了关键词。虽然这不是我们最终想要的结果，但至少整个程序框架可以运行了。

接下来的任务是复制一整行。

前面的代码只是复制了关键词，现在我们用 for 循环复制一整行数据。同时为了防止新文件影响原来的数据，我们使用新的文件名保存处理过的数据：

```
import openpyxl
from datetime import datetime
# --省略--
# 循环遍历表格中的每一个单元格，并写入sheet2，相当于复制了一份数据，这是为后面的工作做准备
for i in range(1, row+1):
    for j in range(1, col + 1):
        cell = sheet.cell(i, j)
        sheet2.cell(i, j, cell.value)

# 用时间戳生成新的文件名
now = datetime.now()
new_file_name = now.strftime('%Y%m%d-%H%M%S')
wb.save(new_file_name + '.xlsx')
```

TIPS

为了确保每次生成的文件名不冲突，我们使用时间戳来表示文件名，这是常见的做法。这时候我们需要用到 datetime 模块。这个模块更接近日常的概念，可以提供日期信息，还可以格式化输出时间。

```
from datetime import datetime
now = datetime.now()
# 格式化输出时间
print(now.strftime())
```

前面两步只是机械地把第一个表格中的内容复制到了新的表格（sheet2），如果仅仅是为了完成这个任务，可以直接使用 copy_sheet() 函数，但这里是为了后面的步骤做准备。

接着，需要将关键词分割为多行。

现在要对关键词分割，分割后的每个关键词都要独立成行。这里我们使用字符串的一个常用方法 split，把分割后的每个关键词写入一个独立的行。

```
# 记录行数
count = 0

# 循环遍历sheet中的每一行
for i in range(1, row+1):
    # 获取关键词字符串
    kw_str = sheet.cell(i, 4).value
    # 分割成多个关键词
    keywords = kw_str.split(';')
    # 处理分割后的每个关键词
    for kw in keywords:
```

```
            # 给行数加1
            count += 1
            # 把关键词写入独立的行，写到第5列
            sheet2.cell(count, 4, kw)
```

现在，复制前面的数据。

前面只处理了关键词，现在我们要把前几列数据也复制过来：

```
#--省略--
    for kw in keywords:
            count+=1
            # 读取年份
            c2=sheet.cell(i, 2).value
            # 读取出版物
            c3=sheet.cell(i, 3).value
            # 第1列写新的行号
            sheet2.cell(count, 1, count-1)
            # 写入年份和出版物
            sheet2.cell(count, 2, c2)
            sheet2.cell(count, 3, c3)
            # 复制关键词
            sheet2.cell(count, 4, kw)
# 打印生成的行数
print(f'处理完毕，共生成{count}行数据')
```

最后一步，让程序的适用性更强，可以面对各种挑战。

前面的程序只能处理只有 4 列数据的 Excel 表格，如果一个表格有 5 列，就无能为力了。现在，我们进一步优化程序，让它可以支持更多的列数。但任何灵活性处理都是有一定假设和约定的，这里我们约定：第 1 列是序号，最后一列是要被分割的关键词。

除此之外，要处理的文件名，是写在程序中的，这样设定并不灵活。改进后的程序要支持通过命令行输入文件的名字，麦叔最终确定的代码如下：

```
import openpyxl
from datetime import datetime
import sys
# 输入文件名
if len(sys.argv) < 2:
    print('请在命令行中添加文件名，命令格式如下:\npython kw_split_t5.py file.xlsx')
    sys.exit()
file = sys.argv[1] #'keywords.xlsx'
wb = openpyxl.load_workbook(file)
sheet = wb['Sheet']
row = sheet.max_row
col = sheet.max_column
```

```
print(f'开始处理数据，共有{row}行，{col}列')
# 如果已经存在同名表格，先将其删除
sheet2_name = 'Result'
if 'Result' in wb.sheetnames:
    sheet2 = wb[sheet2_name]
    wb.remove(sheet2)
# 新建表格
sheet2 = wb.create_sheet(sheet2_name)
# 把关键词写入表格
count = 0
for i in range(1, row+1):
    # 获取关键词字符串
    kw_str = sheet.cell(i, col).value
    keywords = kw_str.split(';')
    for kw in keywords:
        count += 1
        # 添加序号
        sheet2.cell(count, 1, count-1)
        # 动态复制中间的多行，不仅仅局限于中间的两行
        for j in range(2, col):
            value =  sheet.cell(i, j).value
            sheet2.cell(count, j, value)
        #加上keyword（关键词）
        sheet2.cell(count, col, kw)
# 打印生成的行数
print(f'处理完毕，共生成{count}行数据')
# 生成新的文件名
now = datetime.now()
new_file_name = now.strftime('%Y%m%d-%H%M%S')
wb.save(new_file_name + '.xlsx')
```

参考源码：kw_split.py

2.5 小结

在这一章，我们跟随韩梅梅学习了 OpenPyXL 模块的核心使用方法，它是日常处理表格数据的“神器”。当然，这一章并没有完全讲透 OpenPyXL 模块的一切，当大家需要解决新的问题的时候，仍然需要去学习模块的官方文档。在处理 Excel 表格的时候，我们还可能会用到其他模块，这些模块各有所长。比如 pandas 是一个通用的数据处理模块，它还可以处理 CSV 等文本格式。麦叔的公众号上有关于 pandas 的学习资料。

第 3 章

只需几行代码，轻松处理 PDF 文档

获取本章代码和相关资料：关注公众号麦叔编程，回复 book2。

又完成了一项任务，韩梅梅觉得稍微有点累，时间已经到了晚上 9 点 30 分。她决定去楼下走走，稍作休息再回来继续工作。在散步的时候，她忽然意识到自己最初的规划还少了一个环节——把 DOCX 格式的邀请函转成 PDF 文档。她决定先做这个任务。想到这里，她匆匆结束了散步，回到家里，继续编写将 Word 文档转成 PDF 文档的程序。

3.1 把 Word 文档转成 PDF 文档

1 安装 docx2pdf 模块

经过一番搜索，韩梅梅发现有个 docx2pdf 模块，可以轻松地完成格式转换任务。

首先下载和安装 docx2pdf 模块，命令如下：

```
python -m pip install docx2pdf
```

剩下的就很简单了，只要使用 convert() 函数去转换格式就行了：

```
from docx2pdf import convert
# 使用convert()函数把DOCX格式的文件转换成同名的PDF文档
convert("简历.docx")
# 转换的时候指定PDF文档使用不同的名字
convert("简历.docx", "我的简历.pdf")
# 转换docs文件夹中的所有文档
convert("docs/")
```

新建一个名为“简历 .docx”的文档，保存到和目录相同的文件夹下。再新建一个 docs 文件夹，然后在下面随便新建多个 Word 文档。运行上面的代码，会发现这些文档都被转成了 PDF 格式。

2 把 Word 的邀请函转换为 PDF 文档

在实际工作中，既可以在生成 Word 文档的地方同时生成 PDF 文档，也可以在 Word 文档都生成好后再批量转换它们。为了简单，韩梅梅就在生成 Word 文档的地方同时生成 PDF 文档。此时她要做的是修改 invite.py：

```
import invite2.py
import docx
import time
import os
# 引入docx2pdf模块的convert方法
from docx2pdf import convert
def invite(name, folder):
```

```
    #--省略--

    filename = f'{folder}/{name}.docx'
    doc.save(filename)
# 同时转换成PDF文档
    convert(filename)


if __name__ == '__main__':
    invite('张三', ".")
```

直接运行 invite.py，会在当前目录下创建出“张三 .docx”和“张三 .pdf”。

> **TIPS**
> 这个模块在 mac OS 的某些版本上运行时会有问题，请在 Windows 平台中做转换。

之所以韩梅梅要将邀请函转换为 PDF 文档，是因为在自己的计算机上制作好的 Word 文档，到了别人的计算机上由于缺少字体或其他支持，可能就错乱了，别人会因此觉得你很不专业。又或者别人的手机上根本没有安装 Word 软件，无法打开你发来的文档。这种情况，韩梅梅在这两个月已经碰到过很多次了。

PDF 的全称是 Portable Document Format（便携式文档格式）。PDF 文档在任何设备上打开，显示效果都是一样的，就像图片一样。而且几乎所有计算机、手机和浏览器都可以打开 PDF 文档。一般情况下，PDF 文档也不容易被他人修改。

最后想一想：在你的工作中，有哪些地方应该使用 PDF 格式?

3 用于 PDF 文档的 4 个 Python 模块

韩梅梅之前在处理 Word 文档时使用了 python-docx，在处理 Excel 表格时用到了 OpenPyXL，但现在要处理 PDF 文档，情况就有点复杂了，需要用到好几个库，它们各有自己的长处。

- docx2pdf：将 Word 文档转换为 PDF 文档。
- pdfminer.six：从 PDF 文档中提取文本和图片。
- PyPDF2：合并、加密、截取等。
- reportlab：从零开始生成新 PDF 文档。

3.2 从 PDF 文档中提取文本和图片

除了韩梅梅遇到的需要将 Word 文档转换为 PDF 文档的场景，另一个场景在工作中也很常见：有人给你发了一份 PDF 文档，但你无法将 PDF 文档里面的内容复制出来。这时候，就可以写个简单的 Python 程序来解决。

之前介绍了 docx2pdf 模块，从名字就可以看出，它的功能是把 DOCX 格式的 Word 文档转换成 PDF 文档。而要想从 PDF 文档中提取文字，就需要使用专用模块。

目前最热门的模块是 PyPDF2，但它不支持中文提取。好在还有一个名为 pdfminer.six 的模块，支持提取 PDF 文档中的中文。

> **TIPS**
>
> 注意，除了 pdfminer.six 模块，还有一个名为 pdfminer 的模块，不过已经没人维护了，不要选择它。

1 安装 pdfminer.six 模块

pdfminer.six 模块的安装命令如下：

```
python -m pip install pdfminer.six
```

2 提取 PDF 文档中的内容

pdfminer.six 下有一个 high_level 包，它里面有一些简单易用的函数。

- extract_text()：提取一个 PDF 文档中的所有文本。
- extract_pages()：提取所有页。

```
# 导入pdfminer.six下的high_level
from pdfminer import high_level
# 使用extract_text()函数提取paper.pdf中的文本
text = high_level.extract_text('解释器.pdf')
print(text)
```

3 只提取部分页码的内容

对于页面比较多的 PDF 文档，我们也许只想读取其中部分页面的内容，这时候需要使用 extract_pages() 函数提取页面，再分别处理。

下面的代码演示了如何只提取文档第二页和第三页的文本：

```
# 引入high_level和LTTextContainer类
# LTTextContainer是文本容器的意思，判断PDF文档中的组件是否为文本容器的实例，判断里面是否有文本
from pdfminer import high_level
from pdfminer.layout import LTTextContainer
# 使用extract_pages()函数提取文档的所有页到变量pages，它是一个类似于list的容器，叫作generator
pages = high_level.extract_pages('python介绍.pdf')
# 把generator转换成list
pages_list = list(pages)
# 打印出PDF文档一共有多少页。示例中的PDF文档共有9页
```

```
print(len(pages_list))
# pages_list[2:4]从所有的pages截取了第二页和第三页，然后使用for循环遍历截取出来的页
for page in pages_list[2:4]:
# 循环遍历一页里面的所有元素，PDF页面上可能有文本、图片等不同元素
    for element in page:
# 判断一个元素是否为LTTextContainer（文本容器）
        if isinstance(element, LTTextContainer):
# 使用get_text()函数提取并打印文本
            print(element.get_text())
```

4 从 PDF 文档中提取图片

除了从 PDF 文档中提取文本这种常见需求，有些人在工作中还需要从 PDF 文档中获取图片。正好 pdfminer.six 模块提供了一个现成的功能。

在命令行中运行下面的命令就可以提取 paper.pdf 文件中的所有图片，提取出的图片保存在 paper 文件夹：

```
pdf2txt.py paper.pdf --output-dir paper
```

其中，paper.pdf 用来指定要提取的 PDF 文档；--output-dir 用来指定要提取到什么文件夹，它后面写的是 paper，也就是说要提取到 paper 文件夹。

在这里，我们之所以可以直接运行 pdf2txt.py 而不需要用 python pdf2txt.py 的形式，是因为安装 pdfminer.six 模块的时候，pdf2txt.py 被放到了 PATH，所以就可以当成命令直接执行了。

3.3 加密和解密

1 给 PDF 文档加密

为了保密，我们可以给 PDF 文档加密，这时候要用到前面提到的 PyPDF2。

PyPDF2 是用于处理 PDF 文档的模块，只可惜它不能读取中文文档，但我们仍然可以使用它的加密功能。

首先安装 PyPDF2 模块：

```
python -m pip install PyPDF2
```

然后给文档“解释器 .pdf”加密并生成新的文件：

```
# 从PyPDF2中引入PdfFileReader和PdfFileWriter，分别读取写PDF文档
from PyPDF2 import PdfFileReader, PdfFileWriter
# 用PdfFileReader打开文件，赋值给变量input_pdf。这个对象只能用来读取文件
input_pdf = PdfFileReader("解释器.pdf")
# 创建一个PdfFileWriter对象output_pdf，代表新的PDF文档
```

```
output_pdf = PdfFileWriter()
# 把input-pdf整个添加到output-pdf，相当于复制了一份过去
output_pdf.appendPagesFromReader(input_pdf)
# 用encrypt给output_pdf设置密码"password"
output_pdf.encrypt("password")
# 再次使用with...as的语法形式，创建一个名为"解释器2.pdf"的文件out_file
# 注意open()函数的第二个参数"wb"是指以二进制(binary)的格式打开文件，并写入(write)文件，wb就是write和binary的首字母
# with...as 这种写法叫作环境管理器，它能自动关闭打开的文件in_file
with open("解释器2.pdf", "wb") as out_file:
# 把output_pdf写入文件out_file。注意，output_pdf是一个内存中的对象，而out_file是一个硬盘上的文件，所以需要把output_pdf写入outfile
    output_pdf.write(out_file)
```

运行上面的代码后，你会发现硬盘上多了“解释器 2.pdf”文件。试着打开它，会提示输入密码（图 3.1）。

图 3.1

在密码框中输入“password”，就能打开文档了，里面的内容也能正常显示。

2 给 PDF 文档解密

前面使用 pdfminer.six 读取文档内容的时候，文档没有加密。现在来尝试读取一下已被加密的文档：

```
from pdfminer import high_level

text = high_level.extract_text('解释器2.pdf')
print(text)
```

运行上面的代码，会出现“pdfminer.pdfdocument.PDFPasswordIncorrect”，意思是密码不正确。此时我们根本没有传入密码，密码当然不正确。接着，只要在 extract_text 中传入“password”就可以了：

```
from pdfminer import high_level
```

```
text = high_level.extract_text('解释器2.pdf', password='password')
print(text)
```

> **TIPS**
> extract_pages() 函数也接受同样的参数。

3.4　玩转 PDF 文档

有时候，我们需要把一个大 PDF 文档拆分为多个文档，或者把多个文档合并成一个大文档，甚至要旋转一下页面上的内容。对于这些操作，PyPDF2 是当前最方便使用的 Python 模块之一。

下面我以文档 dogs.pdf 为例：先把这个文档中的图像旋转一下，再把这个 PDF 文档拆分为多个文档，最后把多个文档合并成一个新文档，这看起来有点无聊，但这个技能总有一天你会用到。

1 旋转页面

我们定义一个新的函数 rotate_pages()，它的功能是把传入 PDF 文档的每一页顺时针旋转 270 度。

```
from PyPDF2 import PdfFileReader, PdfFileWriter

def rotate_pages(pdf_path):
    pdf_writer = PdfFileWriter()
    pdf_file = PdfFileReader(pdf_path)
    for page_num in range(pdf_file.numPages):
        page = pdf_file.getPage(page_num)
        # 页面顺时针旋转270度
        new_page = page.rotateClockwise(270)
        pdf_writer.addPage(new_page)

    with open('new_dogs.pdf', 'wb') as fh:
        pdf_writer.write(fh)


if __name__ == '__main__':
    path = 'dogs.pdf'
    rotate_pages(path)
```

2 拆分文件

下面的代码把 dogs.pdf 的每一页都拆分成一个新的 PDF 文档，取名为 dog_序

号 .pdf:

```
from PyPDF2 import PdfFileReader, PdfFileWriter

def split(pdf_path, new_name):
    pdf = PdfFileReader(pdf_path)
    for page in range(pdf.numPages):
        pdf_writer = PdfFileWriter()
        pdf_writer.addPage(pdf.getPage(page))

        # 拼接新的文件名，并写入新的文件
        output = f'{new_name}_{page+1}.pdf'
        with open(output, 'wb') as output_pdf:
            pdf_writer.write(output_pdf)


if __name__ == '__main__':
    path = 'dogs.pdf'
    split(path, 'dog')
```

我们定义了一个新的函数 split()，它接收两个参数。

- 要分割的文件名。
- 新文件名的前缀。

3 合并文件

把多个 PDF 文档合并成一个文档，这里要用到 PdfFileMerger 的 merge() 函数：

```
from PyPDF2 import PdfFileReader, PdfFileMerger

# 实现合并功能，其中用到了PdfFileMerger的merge()函数，把列表中的文档一次合并到一个文档中
def merge_pdfs(paths, new_file_name):
    # 使用merge()函数生成一个空的PDF文档
    merger = PdfFileMerger()
    # 记录当前总页数，后面要用到
    page_nums = 0

    for path in paths:
        pdf = PdfFileReader(path)
        # 把pdf合并到merger中，第一个参数指定了插入位置
        merger.merge(page_nums, pdf)
        # 增加总页数
        page_nums += pdf.numPages

    # 把merger写入文件
    with open(new_file_name, 'wb') as f:
```

```
        merger.write(f)

if __name__ == '__main__':
# 定义一个列表，里面存放了要合并的文件的列表
    paths = ['dog_1.pdf', 'dog_2.pdf']
# 调用上面定义的merge_pdfs()函数，并传入文件列表和新文件的名字
    merge_pdfs(paths, 'merged_dogs.pdf')
```

3.5　从零开始创建 PDF 文件

如果要用 Python 从零开始创建一个 PDF 文档，需要使用 ReportLab 模块。大部分时候，我们会先创建 Word 文档或者 HTML 文档，再将其转成 PDF 文档。但麦叔还是保留了这一节，有两个原因。

- 下一节将介绍如何给 PDF 文档加水印，因此需要一个水印 PDF 文档，正好这一节我们可以自己创建水印 PDF 文档。
- 了解 ReportLab 模块，在以后确实需要创建 PDF 文档的时候，可以再深入研究。

首先安装好 ReportLab 模块，命令如下：

```
python -m pip install reportlab
```

ReportLab 模块中的一个核心概念是 Canvas。Canvas 相当于一块画布，我们可以在画布上添加文字和图片。

下面的代码创建了一个叫作 watermark.pdf 的文档，在上面加了一行字：“麦叔出品”。

很多模块默认只支持英文，好在 ReportLab 模块自带了一个中文字体，但是我们要先设置一下：

```
# 引入Canvas类
from reportlab.pdfgen.canvas import Canvas
# 引入pdfmetrics，用来注册字体。默认是英文字体，中文字体需要先注册才能使用
from reportlab.pdfbase import pdfmetrics
# 引入UnicodeCIDFont字体类
from reportlab.pdfbase.cidfonts import UnicodeCIDFont
# 使用pdfmetrics注册STSong-Light字体，这是ReportLab模块自带的唯一中文字体（宋体）
pdfmetrics.registerFont(UnicodeCIDFont('STSong-Light'))
# 创建一个Canvas，也就是一个PDF画布文件，参数指定了文件名为watermark.pdf
canvas = Canvas('watermark.pdf')
# 设置字体为STSong-Light和字体大小16。这正是我们前面注册的字体。如果我们生成的PDF文档中没有中文，第2、3、4和6行都是不需要的。这几行代码是为了支持中文字体
```

```
canvas.setFont('STSong-Light', 16)
# 在画布上写字符串"麦叔出品"，数学表示文字坐标
canvas.drawString(20, 20, "麦叔出品")
# 保存画布，也就是PDF文档
canvas.save()
```

运行上面的代码，顺利的话，就会发现硬盘上多了一个名为 watermark.pdf 的文件。这个文件几乎是空白的，只是左下角写着“麦叔出品”（图 3.2）。

图 3.2

我们将在下一节中使用这个文件。

3.6 给 PDF 文档加水印

现在，我们来给“python 介绍 .pdf”加上“麦叔出品”的水印。

我们没有办法在 PDF 文档上直接写这四个字，加水印的操作就是把上一节中生成的 PDF 文档叠加上去：

```
from PyPDF2 import PdfFileReader, PdfFileWriter

old_file = PdfFileReader('python介绍.pdf') # 要加水印的文件
new_file = PdfFileWriter() # 代表加上水印的PDF文档
watermark_file = PdfFileReader('watermark.pdf')  # 水印文件
watermark_page = watermark_file.getPage(0)  #获取水印文件第一页

# 循环遍历文件的每一页
for pageNum in range(0, old_file.numPages):
    page = old_file.getPage(pageNum) # 获取当前页
# 用merge()函数把水印文件覆盖到当前页上
    page.mergePage(watermark)
# 使用addPage方法把带水印的页面添加到当前页
    new_file.addPage(page)

# 把内存中的新文件对象写入硬盘文件
with open('python介绍2.pdf', 'wb') as f:
    new_file.write(f)
```

3.7　小结

使用 Python 操作 PDF 文档稍微有点复杂，需要用到 4 个相关模块，它们各有自己的应用场景。我们无法在一章中涵盖所有细节，如果你还想掌握更多技巧，可以参考如下建议。

- 牢固掌握本章的例子，为处理更复杂的问题打下坚实的基础。
- 在需要处理比较复杂的 PDF 文档任务时，可以再复习本章中的知识。
- 在必要的时候，仔细学习模块官方文档。
- 关注麦叔的公众号，随时学习和讨论。

第 4 章

自动群发电子邮件

获取本章代码和相关资料：关注公众号麦叔编程，回复 book2。

滴滴滴……韩梅梅的手机响了，原来是她的闹钟，提醒她该去洗漱睡觉了。可是邀请函制作与发布任务尚未完成。之前的几小时里，韩梅梅利用 Python 和相应的功能模块，顺利地实现了以下几步。

① 自动生成 Word 邀请函。

② 从 Excel 表格中读取观众信息，生成每一份邀请函。

③ 把 Word 文档转换成 PDF 文档。

眼看就要胜利了，只要把 PDF 文档发送出去就大功告成了。于是韩梅梅把这最后一步拆解成两个小任务。

① 先写好可以发送电子邮件的程序。

② 从 Excel 表格中读取每个观众的电子邮箱地址，并将邮件发送出去。

烦琐的任务确认容易让人疲惫，但把任务细分以后，韩梅梅又觉得有精神了。她简单洗了洗脸，又坐到了计算机前，开始攻克最后的难题。

> **TIPS**
>
> 克服拖延症——人们之所以会拖延，是因为任务目标不够明确。因此，给接下来要做的事情设定一个清晰的目标和路径，通常就可以让人马上采取行动。

4.1 设置电子邮件

1 email 模块和 smtplib 模块

如何用 Python 自动发送电子邮件呢？是不是也要安装外部模块呢？

韩梅梅快速在网上查了一下，惊喜地发现，Python 自带了发送电子邮件的模块，可能是因为发送电子邮件很重要吧。

Python 自带了好几个和电子邮件有关的模块，发送电子邮件要用到两个。

- email 模块用来创建电子邮件的内容。
- smtplib 模块负责把电子邮件发送出去。

韩梅梅不知道第二个模块中的 smtp 是什么意思，于是她又查了一下，原来这是一个网络协议。

打个比方：以前我们给朋友寄信（真实的信），并不会直接把信送到对方家里，而是要找到邮局，邮递员会帮我们把信送给收信人。

发送电子邮件的过程与之类似，我们写的 Python 程序不能直接把邮件发送给收件人，而是要找到一个 SMTP（Simple Mail Transfer Protocol，简单邮件传输协议）服务器（类似于邮局），这个 SMTP 服务器会帮我们把电子邮件送达（图 4.1）。

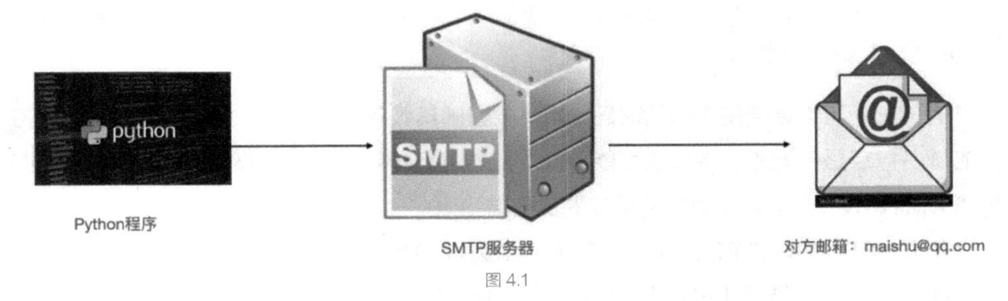

图 4.1

我们可以去街上找到邮局，可是去哪里找 SMTP 服务器呢?

很简单，我们使用的 QQ 邮箱、163 邮箱等都有 SMTP 服务器功能，只要通过自己的邮箱账号和密码连接到这些邮箱服务器，就可以把邮件发送出去。

2 来自 Python 的第一封邮件

韩梅梅准备先发一封邮件进行测试，邮件的内容很简单：“Hi，我是来自 Python 的第一封邮件！”

```
from email.message import EmailMessage
import smtplib

# 创建一封邮件
msg = EmailMessage()
# 设置邮件标题
msg['subject'] = "你好，我是Python"
# 设置发件人
msg['from'] = "3022696063@qq.com"
# 设置收件人
msg['to'] = zhangsan@qq.com'
# 设置邮件内容
msg.set_content('Hi，我是来自Python的第一封邮件！')

# 连接SMTP服务器，这里以QQ邮箱为例，需要输入域名和端口
smtp=smtplib.SMTP(host='smtp.qq.com', port=587)
# 输入QQ邮箱用户名和授权码，登录服务器
# 注意，这里使用的并不是邮箱密码，而是一个授权码
smtp.login("302269****@qq.com", 'top_secret')
# 发送前面准备好的邮件
smtp.send_message(msg)

# 退出服务器连接
smtp.quit()
```

参考源码：send_email1.py

> **TIPS**
> 这里使用 QQ 邮箱的 SMTP 服务器。要成功运行上面的代码，一定记得把代码中的收件人、邮箱地址和密码都改成你自己的。

有的邮箱可以直接使用邮箱密码，具体要看邮箱服务器的要求。另外，不同邮箱服务器的域名肯定是不同的，端口也可能不同。这些信息很容易在网上搜到，比如搜索“QQ 邮箱 SMTP 设置”，就可以找到相应的步骤。

下面是开启 QQ 邮箱 SMTP 服务并获得授权码的过程。

① 登录邮箱，选择【设置】-【账户】（图 4.2）。

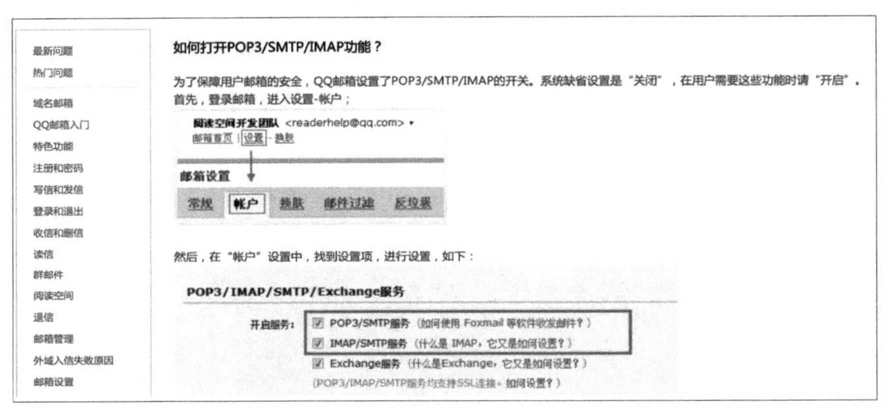

图 4.2

② 单击 POP3/SMTP 服务后面的【开启】按钮（图 4.3）。

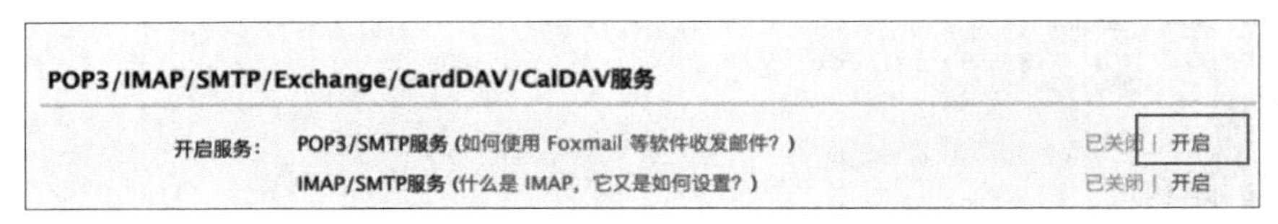

图 4.3

然后按照提示一步步操作，中间需要通过手机发送一条短信给 QQ 邮箱的号码，最后就可以得到授权码。如果你获得了授权码，应该就可以成功收到来自 Python 的第一封邮件啦！

3 在邮件中添加附件

上面是一封普通的测试邮件，但韩梅梅要发送的邮件中还包含了附件：

```
import smtplib
# 为了发送附件，需要使用MIME相关的类
from email.mime.application import MIMEApplication
from email.mime.multipart import MIMEMultipart
```

```
from email.mime.text import MIMEText

# 创建一个包含附件的邮件，它包含文字等多个部分，所以被称为MultiPart
msg = MIMEMultipart()
msg['subject'] = "欢迎你，张三"
msg['from'] = "3022696063@qq.com"
msg['to'] = 'zjueman@qq.com'
# 在邮件中添加文字，使用MIMEText表示多个部分中的文字部分
msg.attach(MIMEText('This is test email'))

# 要发送的附件，请把附件放在与程序相同的目录下
filename = '张三.docx'
with open(filename, 'rb') as f:
    # 从文件中读取内容，放置到MIMEApplication中
    part = MIMEApplication(f.read())
    # 设置附件的文件名
    part.add_header('Content-Disposition', 'attachment', filename=filename)
    # 把附件添加到邮件中
    msg.attach(part)

    server = smtplib.SMTP(host='smtp.qq.com', port=587)
    server.login("3022696063@qq.com", 'onktkaneabxtdfbc')
    server.send_message(msg)

    server.quit()
```

这个程序和之前比复杂了不少。

因为要发送附件，所以没有创建普通的 EmailMessage，而是创建了一个 MIMEMultipart，这是一个可以包含附件的邮件。

发送文字内容也不再使用 set_content，而是先创建 MIMEText，然后把它放入 (attach) 邮件中。

同理，为了读取附件文件的内容，创建一个 MIMEApplication，然后把它放入 (attach) 邮件中。

确保附件被放在与程序相同的目录下，或者写全路径，确保能够读到相应的文件。运行代码，就能成功发送带附件的邮件了。

4 用 HTML 文档美化邮件

邮件虽然可以成功发送了，但看起来太简陋了，为此，韩梅梅打算美化一下邮件。下面的代码在 msg['to'] = 'zjueman@qq.com' 和 filename = '张三 .docx' 这两行代码中间创建了一个 HTML 文档：

```
# --省略--
msg['to'] = 'zjueman@qq.com'
```

```
# 定义HTML页面的内容
html_content = """\
<html>
  <body>
     <p>你好,<br>
        <b>欢迎光临演唱会，请在附件中查收您的门票~</b><br>
        点这里了解更多：<a href="http://www.maishu.com">演唱会主页</a>
     </p>
  </body>
</html>
"""

# 创建MIMEText的时候，用第二个参数指明这是HTML代码
html_part = MIMEText(html_content, 'html')
# 将包含HTML文档的html_part添加到邮件
msg.attach(html_part)

filename = '张三.docx'
# --省略--
```

发送 HTML 页面的内容有两个要点：一是定义好 HTML 页面的内容，用三引号（"'）创建一个简单的 HTML 页面。如果是很复杂的页面，可以从事先写好的文件中读取。

二是在创建 MIMEText 的时候，传入第二个参数 html 来指明这是 HTML 格式的文档。

其他部分与创建普通邮件一样。再次运行程序，就可以收到比较满意的邮件了（图4.4）。

- 包含附件，附件名也没有乱码。
- 邮件的文字内容是有样式的，虽然例子中的样子并不算特别酷炫，但可以根据需要去美化它。

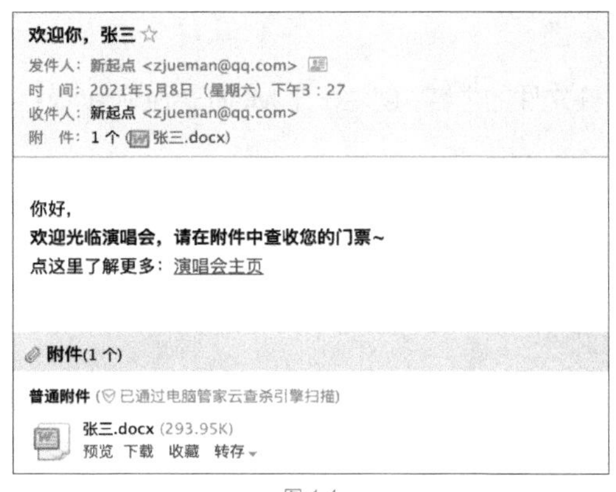

图 4.4

到此为止，韩梅梅已经实现了发送电子邮件的技术原型。剩下的就是利用这些 Python 代码去发送邀请函啦。

4.2 自动发送邀请函

似乎直接修改一下上面的代码就可以发送邀请函了，但其实还有一些工作要做。

韩梅梅突然想起来，在生成 Word 邀请函的时候，创建了一个 invite() 函数，后面调用这个函数就可以了，非常方便。在这里也创建一个函数用来发送邀请函。

1 实现发送邀请函

```
# --省略--

def send_email(name, email, file_path):
  '''
  给指定的人发送指定的文件。其中
  name: 收件人的名字，名字会出现在标题和邮件中，如张三
  email: 收件人的电子邮件地址，如zhangsan@qq.com
  file_path: 要发送的文件的地址以及文件名，如letters/1/张三.docx
  '''
  msg = MIMEMultipart()
  msg['subject'] = f"欢迎你，{name}"
  msg['from'] = "3022696063@qq.com"
  msg['to'] = email

  # 定义HTML页面的内容
  html_content = f"""\
  <html>
     <body>
       <p>你好，{name}<br>
           <b>欢迎光临演唱会，请在附件中查收您的门票~</b><br>
           点这里了解更多：<a href="http://www.maishu.com">演唱会主页</a>
       </p>
     </body>
  </html>
  """

  # 创建MIMEText的时候，用第二个参数指明这是HTML代码
  html_part = MIMEText(html_content, 'html')
  msg.attach(html_part)

  with open(file_path, 'rb') as f:
      part = MIMEApplication(f.read())
      part.add_header('Content-Disposition', 'attachment', filename=file_path)
      msg.attach(part)
```

```
        # --省略--

if __name__ == '__main__':
    send_email('张三1', 'zjueman@qq.com', 'letters/1/张三1.docx')
```

函数的名字是 send_email，这次把注释加到函数里面，使用三引号（'''）而不是放在 # 的后面。这种注释有特殊的含义，叫作 Docstring（是一个文档字符串）。它仍然不影响代码的执行，但是 Python 会记住它。当运行 **help(send_email)** 的时候，Python 会打印出这段话。

使用 name、email、file_path 等参数替换原来的固定值。最后测试一下这个函数。

运行代码，邮件成功发送，但是有个小问题，附件的名称成了 letters_1_ 张三1.docx（图 4.5）。

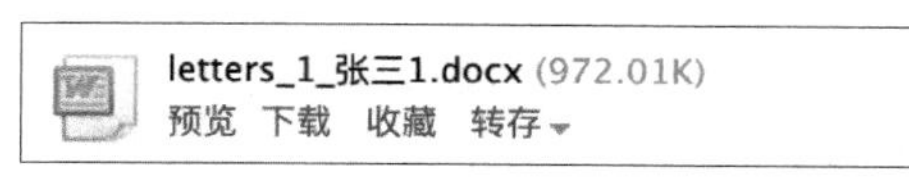

图 4.5

这是因为使用了 file_path 参数作为文件名，它包含了路径和文件名，需要稍微修改一下：

```
# --省略--
    with open(file_path, 'rb') as f:
        part = MIMEApplication(f.read())
        # 用斜杠把file_path分割成多份，最后一份就是文件名
        filename = file_path.split("/")[-1]
        part.add_header('Content-Disposition', 'attachment', filename=filename)
        msg.attach(part)
# --省略--
```

这里先把 "letters_1_ 张三 .docx" 分割成 ['letters'_ '1'_ ' 张三 .docx']，取最后一个做文件名就可以了。

2 从 Excel 表格中获取邮件地址

剩下的工作就是从 Excel 表格中获取观众的姓名和邮箱，然后把姓名、邮箱和收件人邮箱地址传给 send_email()。我们再来看一下 names.xlsx 的结构（图 4.6）。

姓名	电话	座位号	邮箱
张三1	13505810001	20301	zhangsan1@qq.com
张三2	13505810002	20302	zhangsan2@163.com
张三3	13505810003	20303	zhangsan3@qq.com

图 4.6

我们可以把这些代码写在前面的 send_email.py 中，但是那样那个文件的代码会比较长，看起来比较乱，为此可以新建一个文件 send_invite.py：

```
import send_email
import openpyxl

excel_file = openpyxl.load_workbook("names.xlsx")
worksheet = excel_file.active
for index, row in enumerate(worksheet.rows):
    if index > 0:
        # 读取姓名
        name = row[0].value
        # 读取邮箱
        email = row[3].value
        # 确定子文件夹的名字
        subfolder = int(index / 1000)
        # 拼接完整的路径
        file_path = f'letters/{subfolder}/{name}.docx'
        # 调用send_email()发送邮件
        send_email5.send_email(name, email, file_path)
```

实际上这段代码和前面的 read_name.py 很像，可以将它复制过来修改一下，这样就大功告成了。

为了能够及时了解邮件发送的进展，可以再打印一点日志：

```
print(f'正在给{name}发送邀请函...')
send_email.send_email(name, email, file_path)
print(f'发送成功...')
```

运行代码，程序很快就给 names.xlsx 中的 3 个人发送了邀请函，成功！

3 一次发送几百封邮件

现在 names.xlsx 中只有 3 条记录。为了测试，韩梅梅创建了一个新文件 names300.xlsx，里面有 300 条记录，同时她添加了记录运行时间的代码：

```
import send_email
import openpyxl
# 引入时间模块
import time

excel_file = openpyxl.load_workbook("names300.xlsx")
worksheet = excel_file.active
# 记录开始时间
start_time = time.time()
for index, row in enumerate(worksheet.rows):
    if index > 0:
      # --省略--
```

```
# 记录结束时间
end_time = time.time()
# 记录和打印总时间
used_time = end_time - start_time
print(f'共用时{round(used_time, 0)}秒')
```

在运行这个程序之前，需要先运行前面的 create_invites.py，为 Excel 表格中新加的名字创建 Word 和 PDF 格式的邀请函：

```
python create_invites.py names300.xslx
```

确认 300 份邀请函都已经生成好后，就可以运行上面的代码了，可是才发送了 10 封邮件就失败了：

```
smtplib.SMTPAuthenticationError: (535, b'Login Fail. Please enter your authorization code to login. More information in http://service.mail.qq.com/cgi-bin/help?subtype=1&&id=28&&no=1001256')
```

这是因为我们在 send_email.py 中不断登录邮箱，被邮箱认为是恶意攻击，所以发了 10 封邮件以后，就导致登录失败了。接下来要改造一下程序。

4 改造 send_email.py

改造的思路很简单：登录次数太多是因为每次调用 send_email() 都会让账号登录再退出。那我们就改成在函数外面完成登录，在 send_email() 中就不再登录了。这样就只在模块被加载的时候登录一次，代码如下：

```
# --省略--

# 在模块被加载的时候提前登录
server = smtplib.SMTP(host='smtp.qq.com', port=587)
server.login("3022696063@qq.com", 'onktkaneabxtdfbc')

def send_email(name, email, file_path):
  # --省略--

  with open(file_path, 'rb') as f:
      # --省略--

      # 在函数中直接发送，不用登录
      server.send_message(msg)

      # 也不要退出，所以注释掉下面的退出代码
      #server.quit()
```

现在再次运行代码，还是出现了错误：

```
smtplib.SMTPRecipientsRefused: {'zjueman@qq.com': (550, b'Mailbox unavailable or access denied [MCC6LM2LDcDz5VGiQIQrzeom5phnjlJGZCbLZrLSjJDIChcDAoO38U6MU1YhLw0Tbg== IP: 112.10.136.110]')}
```

这次成功发送了 202 封邮件，用了大约 7 分钟，在发送第 203 封邮件的时候又失败了。这是因为短时间内发送了太多邮件。韩梅梅要哭了！

5 用 sleep 防止被 SMTP 服务器封掉

韩梅梅想了想，连续发邮件会被封掉，那么每发一封就休息 2 秒呢?

```
# --省略--
for index, row in enumerate(worksheet.rows):
    #--省略--
        print(f'发送成功...')
        #发送成功后，休息2秒
        time.sleep(2)

# --省略
```

再次运行后，还是发送失败，连邮箱账号都被锁了。按照网页上的提示，经过一番折腾，韩梅梅终于解锁了邮箱，可以继续尝试了，不过真要小心点了。

她上网搜索了一下得知，一般邮箱都有每天发送的邮件数量限制，比如 QQ 邮箱只允许每个用户每天最多发送 500 封邮件。

程序是都写好了，但似乎走进了死胡同。

韩梅梅决定先睡觉，明天开会的时候跟大家商量一下，看看大家有没有办法！没准儿睡醒后会有新的想法呢！

6 忐忑的早会

时钟指向了早上 7 点，很快，同事们陆陆续续来齐了。王姐说：“韩梅梅，真是辛苦你了！你说一下情况吧！”

韩梅梅稍微整理了一下思路，说了几个要点。

- 生成邀请函的程序已经完成了，今天午饭之前应该可以生成好所有的邀请函。
- 还额外实现了把 Word 文档转成 PDF 文档的功能，想让王姐最后决定发送 Word 还是 PDF 格式的邀请函。
- 发送邮件的程序写好了，但是发送数量有限制，会被邮箱服务器封掉，这个还没有办法解决。

王姐说：“太棒了，就光生成邀请函这件事情也可以节约很多时间啊！发送邮件的事情，大家看看有什么办法吗？”

大家你看我，我看你，都没有思路。

“你们都好早啊！”门口传来一个男人的声音，是老板。

王姐跟老板简单说了情况，表示会继续想办法。老板沉思了片刻，忽然说：“我记得有个营销公司的人，经常打电话骚扰我，他说他们一天可以发送 100 万封邮件。我问问他怎么解决！”

最后，营销公司的人建议使用他们提供的 SMTP 服务器，服务器端不设限制，几乎想发多少邮件都可以。当然，这是要收钱的。

“能用钱解决的问题，都不是问题。” 老板对于在技术上的投入从来不吝惜。

现在，韩梅梅要做的就是把代码中的 S MTP 服务器地址、端口、用户名和授权码改成营销公司提供的信息。

4.3　接收邮件

除了像韩梅梅一样利用 Python 编写自动发送邮件的程序，我们也可以通过编写 Python 程序自动从邮箱读取电子邮件。发送邮件使用 SMTP，接收邮件要使用 POP3（Post Office Protocol-Version 3，邮局协议版本 3）或 IMAP（Internet Message Access Protocol，因特网消息访问协议）。这些协议约定了如何接收邮件，以及接收到的邮件的格式是怎样的。

下面这个例子演示了用 Python 从邮箱中读取邮件的过程，这里使用 IMAP。和 SMTP 类似，大部分邮箱都提供了 IMAP 服务器，在 QQ 邮箱中，打开 IMAP 服务的过程和打开 SMTP 服务是相同的。

请先参照 SMTP，打开 IMAP 服务并获得你的邮箱的“授权码”。

1 连接到 IMAP 服务器

```
# 引入imap模块
import imaplib
import email
# 引入用来给email数据解码的decode_header
from email.header import decode_header
import os  # 后面会用到
# 邮箱账户和授权码，请先在邮箱[设置]—[账户]中开通相关权限
username = "zjueman@qq.com"
password = "cfvkdtbmjrpibihc"
# 连接到IMAP服务器
imap = imaplib.IMAP4_SSL(host="imap.qq.com", port=993)
# 登录
imap.login(username, password)
# 选中邮箱中的默认文件夹，这个操作会返回操作状态和邮件的数量
status, messages = imap.select()
```

```
# 获取邮件数，前面返回的messages中是转换成十进制的整数
messages = int(messages[0])
# 打印邮件数
print(messages)
# 关闭并退出IMAP连接
imap.close()
imap.logout()
```

前面连接到 IMAP 服务器的操作和连接到 SMTP 服务器几乎一样，最后要退出连接。

我们的邮箱中有很多个文件夹，第 15 行用来选中默认的文件夹。先选择文件夹，才能开始读取邮件。

select 操作会返回是否选中成功的信息，以及选中的文件夹中的邮件数量。邮件数量返回的是一个这样的结构：[b'672']，其中的 672 表示邮箱中有 672 封邮件。b'672' 是一个 byte 数据类型，我们在第 17 行把它转成了整数。

如果能够成功打印出邮件数量，就说明 IMAP 连接成功，做好了基本工作。

2 从邮件服务器收取邮件

接下来就可以获取邮件内容了：

```
# --省略--
# 确定要获取最新的3封邮件，根据自己的需要修改
N = 3
# 从最上面开始获取邮件
for i in range(messages, messages-N, -1):
    # 使用fetch()获取邮件，传入要获取的邮件的编号就拿到了包含邮件的数据。它返回的是一
个列表，列表里的数据是元组
    res, data = imap.fetch(str(i), "(RFC822)")
    for response in data:
# 判断是否是有效的元组，这是电子邮件的相关协议规定的
        if isinstance(response, tuple):
            # 把二进制邮件转换成message对象
            msg = email.message_from_bytes(response[1])
            # 解析邮件标题
            subject = decode_header(msg["Subject"])[0][0]
            if isinstance(subject, bytes):
                subject = subject.decode()
            # 解析发件人
            From, encoding = decode_header(msg.get("From"))[0]
            if isinstance(From, bytes):
                From = From.decode(encoding)
```

```
            # 打印标题和发件人
print("Subject:", subject)
            print("From:", From)
# 判断邮件是否包含附件，也就是Multipart
            if msg.is_multipart():
# 处理复杂邮件，这里我们只是打印了一句话
                # 处理邮件中的每个部分
                print('这是一封带附件的邮件')
            else:
# 处理普通邮件
                print('这是一封普通邮件')
            print("="*100)
# --省略--
```

运行上面的代码，应该可以打印出 3 封邮件的标题和发件人信息。

3 处理普通邮件

为了处理普通邮件，我们来定义一个新的函数：

```
# --省略--

def process_normal_email(msg, subject):
    # 处理普通邮件
    content_type = msg.get_content_type()
    # 提取邮件内容
    body = msg.get_payload(decode=True).decode()
    if content_type == "text/plain":
        # 打印文件内容
        print(body)
    # 如果是HTML页面，保存HTML页面
    elif content_type == "text/html":
        if not os.path.isdir(subject):
            # 用标题创建文件夹，用来保存HTML页面
            os.mkdir(subject)
        filename = f"{subject[:50]}.html"
        filepath = os.path.join(subject, filename)
        # 写入HTML代码
        open(filepath, "w").write(body)

# --省略--
            if msg.is_multipart():
                # 处理邮件中的每个部分
                print('这是一封带附件的邮件')
            else:
```

```
                process_normal_email(msg, subject)
            print("="*100)
# --省略--
```

在代码比较靠前的位置添加一个 process_normal_email() 函数来处理普通邮件，在最后调用这个函数。

函数的逻辑是：如果是普通文件，直接打印出来；如果是 HTML 页面的内容，则把 HTML 页面保存到用标题命名的文件夹内。

下面我们来处理带附件的邮件。

4 处理带附件的邮件

在 process_normal_email() 的下面添加一个新的函数 process_mp_email() 来处理 multipart 邮件：

```
def process_mp_email(msg, subject):
    # 处理邮件中的每个部分
    for part in msg.walk():
        # 获取当前部分的类型：是文本还是附件
        content_type = part.get_content_type()
        content_disposition = str(part.get("Content-Disposition"))
        try:
            # 获取文本
            body = part.get_payload(decode=True).decode()
        except Exception as ex:
            pass
        if content_type == "text/plain" and "attachment" not in content_
disposition:
            # 打印邮件内容
            print(body)
        elif content_type == "text/html" and "attachment" not in content_
disposition:
            if not os.path.isdir(subject):
                # 用标题创建文件夹，用来保存HTML页面
                os.mkdir(subject)
            filename = f"{subject[:50]}.html"
            filepath = os.path.join(subject, filename)
            # 写入HTML文件
            open(filepath, "w").write(body)
        elif "attachment" in content_disposition:
            # 下载附件
            filename = part.get_filename()
            if filename:
```

```
                    if not os.path.isdir(subject):
                        # 用标题创建一个文件夹，保存附件
                        os.mkdir(subject)
                    filepath = os.path.join(subject, filename)
                    # 下载并保存附件
                    open(filepath, "wb").write(
                        part.get_payload(decode=True))
```

一封 Multipart 邮件里面有多个部分，所以要循环遍历多个部分。

- 如果是普通文本，直接打印出来。
- 如果是 HTML 页面，把网页保存在以标题命名的文件夹下。
- 如果是附件，把附件保存到以标题命名的文件夹下。

修改最后的代码，调用这个新的函数：

```
if msg.is_multipart():
    process_mp_email(msg, subject)
else:
    process_normal_email(msg, subject)
```

运行代码，就可以把附件和 HTML 页面都保存在对应的文件夹了。

4.4　小结

到这里，围绕韩梅梅的故事的实战案例就完成了，这是一个综合实战案例，其中涉及了使用 Python 处理 Excel 表格、 Word 文档、 PDF 文档和电子邮件 4 项技术，中间也大量运用了 Python 基础知识。

我建议大家多看几遍，直到能够从头到尾独立完成所有步骤。在学习新知识的时候，反复多看几遍是必不可少的！

邮件部分也许有点复杂，因为需要使用外部的 SMTP 和 IMAP 服务器，但至少你应该可以完成前面的 3 个部分。

除了韩梅梅需要用到的技术，麦叔也补充了很多相关的知识，以便你能在工作中处理各种不同的情况。

第 5 章

Python 日常图像处理技巧

获取本章代码和相关资料：关注公众号麦叔编程，回复 book2。

前面 4 章通过介绍职场新手韩梅梅的故事，让我们学会了使用 Python 处理 Word 文档、Excel 表格和 PDF 文档的方法。其实，那只是 Python 自动化能力的小小体现。除了处理文本，Python 还可以在很多方面大展神威。在这一章，麦叔将带领大家学习如何使用 Python 处理图像。要再次强调的是，我们并不是要用 Python 取代 Office、Photoshop 之类的工具，而是要用 Python 提高工作的效率，切不可“因为自己拿着锤子，所以看什么都像钉子”。

5.1 抠图

1 安装 pillow 模块

从一张大图中抠出自己需要的一部分是特别常见的工作，比如，从大的 Python 图片中抠出小的 Python 图标（图 5.1）。

图 5.1

为了完成这个任务，我们需要安装 Python 用于处理图像的模块——pillow：

```
python -m pip install pillow
```

本来有一个模块叫作 PIL，但开发者停止了对 PIL 的更新。好在后来有人基于 PIL 开发了 pillow 模块，并且一直在积极更新。

2 加载图像

下载好本节案例使用的图像文件 python.png，然后尝试写出并运行下面的代码：

```
# 从PIL中引入Image对象。pillow是基于PIL开发的，所以模块名是PIL
from PIL import Image

# 加载python.png图像文件
pyimg = Image.open('python.png')
# 打印图像的高度和宽度
width = pyimg.width
height = pyimg.height
print(f'图像的高和宽分别是：{height}, {width}')
# 打印一下看看Image对象有哪些方法
print(dir(pyimg))
```

```
# 把图像保存为python2.png，相当于复制了一份
pyimg.save('python2.png')
```

这个代码并没有实现抠图，我们先体验一下，为后面的抠图工作做准备。

3 理解图像的大小

计算机屏幕中看起来很精致的图像，其实都是由一个个不同颜色的点（像素）组成的，就像电子屏幕一样。图 5.2 所示是一个由像素组成的狐狸头像。

图 5.2

首先，我们需要理解两个概念。

- 像素：在一些软件中也被写为 px，它是英文单词 pixel 的缩写。像素是图像的最小单元，每个像素都有颜色。图像就是由一个个像素格子组成的。
- 分辨率：是指一个图像由多少格子组成，一般用类似 300 像素 x200 像素这样的形式来表达，它表示图像横着由 300 个像素、竖着由 200 个像素组成。

4 图像的颜色

图像颜色的表达方式通常有两种。

- RGBa：在计算机中显示的图像，R、G、B 分别表示红、绿、蓝，a 是 alpha 的缩写，表示透明度。默认透明度为 1 时，图像不透明；当透明度为 0 时，图像则是完全透明的，任何颜色都不会显示出来。
- CMYK：在印刷和打印领域，C、M、Y、K 分别代表青色（蓝色）、品红色（红色）、黄色和黑色的墨水，以不同比例混合这 4 种颜色可获得任何颜色。

在 pillow 模块中使用一个包含 4 个整数的元组来表示颜色。

- (255，0，0，255) 表示红色。
- (0，0，0，255) 表示黑色。
- (255，255，255，255) 表示白色。

虽然我们可以自由组合颜色，但要记住这些复杂的颜色代码太难了，因此可以使用 ImageColor.getcolor() 来获取颜色：

```
from PIL import ImageColor
red = ImageColor.getcolor('red', 'RGBA')
```

通过英文单词来获取颜色，这就容易多了。

5 截取标识（logo）图像

既然图像是由一个个像素组成的，那就可以通过图像中像素的坐标来截取矩形。为了截取矩形，我们必须先了解图像的坐标体系（图 5.3）。

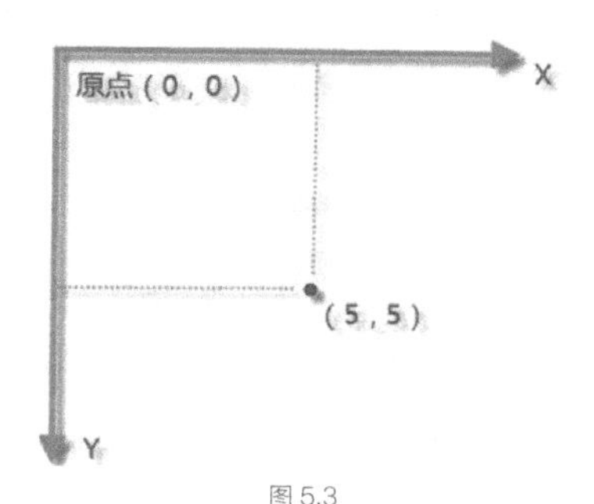

图 5.3

如图 5.3 所示，图像的左上角是坐标原点 (0,0)，通过一个元组，如 (5,5)，就可以确定一个点的位置；通过 (0,0) 和 (5,5) 这两个点，就可以确定一个矩形。

了解了这个知识点，我们就可以实现截取 logo 的任务了：

```
from PIL import Image
pyimg = Image.open('python.png')

# 使用Image的crop()截取一个矩形区域，形成一张新的图像
logo = pyimg.crop((70, 25, 200, 155))
# 把新图像保存为logo.png，这个过程不影响原来的图像
logo.save('logo.png')
```

> **TIPS**
> pillow 对图像的改动一般都是创建一张新的图像，而不会影响原有图像。但如果用同样的名字保存新图像，就会覆盖原有图像。

5.2 给图像加 logo

images 文件夹中有 3 张图像，你可以放更多的图像进去。我们要把刚才截取下来的 logo 添加到每一张图像上（图 5.4）。

图 5.4

1 给图像添加 logo

只要使用一个简单的 paste()，就可以把 logo 添加到图像上。 把 maishu.png 和 logo.png 放置在与代码相同的文件夹下：

```
from PIL import Image
logo = Image.open('logo.png')
ms = Image.open('maishu.jpeg')
# 把logo粘贴到maishu.png上
ms.paste(logo)
ms.save('maishu2.jpeg')
```

这样我们就把 logo 贴到 maishu.png 的左上角了（图 5.5）。

图 5.5

2 把 logo 放到右下角

在调用 paste() 的时候，可以传入一个额外的参数，指定要把 logo 添加到什么位置。这个参数是一个数字元组，包含两个数字，指定了 logo 坐标（图 5.6）：

```
ms.paste(logo, (300, 300))
```

图 5.6

现在，让我们来把 logo 放到右下角（图 5.7）。

如果我们提前知道 maishu.jpeg 的大小，就可以预先计算出 logo 的左上角的坐标：

```
ms = Image.open('maishu.jpeg')
ms.paste(logo, (829, 829))
ms.save('maishu3.jpeg')
```

图 5.7

但这是个很糟糕的方法，因为如果图像的大小变化了，程序结果就会难以预料。更好的办法是动态计算位置：

```
ms = Image.open('maishu.jpeg')
# 动态计算logo的坐标：使用maishu.Jpeg的width值减去logo的width值，得到x坐标。y坐标计算方法同理
x = ms.width - logo.width
y = ms.height - logo.height
ms.paste(logo, (x, y))
ms.save('maishu4.jpeg')
```

3 留点空隙

上面的结果看起来有点奇怪，最好给 logo 旁边留点空隙（图 5.8）：

```
# 动态计算logo的坐标：减去5，给logo留点空隙
x = ms.width - logo.width - 5
y = ms.height - logo.height - 5
ms.paste(logo, (x, y))
ms.save('maishu5.jpeg')
```

图 5.8

5.3 批量加水印

images 文件夹下有一些图像，我们要批量给它们加上水印。

批量处理无非就是从文件夹中读取文件列表，然后用前面写好的程序依次处理这些文件：

```
import os
from PIL import Image

path = 'images' # 原始图像文件夹
out_path = 'output' # 加好水印的图像文件夹
logo = Image.open('logo.png')
for filename in os.listdir(path): # 循环遍历文件夹下的图像
    image_path = path + '/' + filename # 拼接文件夹和图像名称
    image = Image.open(image_path)
    x = image.width - logo.width - 5
    y = image.height - logo.height - 5
    image.paste(logo, (x, y))
# 把加好水印的图像输出到目标目录下
    image.save(out_path + '/' + filename)
```

图像可以放在任何位置，只要修改代码中的文件夹位置即可。假设我们把图像放到这些目录下。

- 原始图像：C:\maishu\images
- 输出结果：C:\maishu\output
- logo 图像：C:\maishu

那么代码如下：

```
import os
from PIL import Image

path = 'C:/maishu/images'
out_path = 'C:/maishu/output'
logo = Image.open('C:/maishu/logo.png')
for filename in os.listdir(path):
    image_path = path + '/' + filename
    image = Image.open(image_path)
    x = image.width - logo.width - 5
    y = image.height - logo.height - 5
    image.paste(logo, (x, y))
    image.save(out_path + '/' + filename)
```

TIPS

Windows 系统中路径使用的是反斜杠“\”，但是在 Python 代码中，我们要使用斜杠“/”。

5.4　裁剪图像

我们可以看到，logo 加上去以后图像显得不太协调，这是因为图像大小不同。现在我们把各图像的大小改变一下，这时候要使用 resize()(图 5.9):

```
import os
from PIL import Image

path = 'images'
out_path = 'output'
logo = Image.open('logo.png')
for filename in os.listdir(path):
    image = Image.open(path + '/' + filename)
    simg = image.resize((800, 800))
    x = simg.width - logo.width - 5
    y = simg.height - logo.height - 5
    simg.paste(logo, (x, y))
    simg.save(out_path + '/' + filename)
```

使用 resize() 生成一张 800 像素 x800 像素的图像，这个方法会返回一张新的图像，不会影响原来的图像（图 5.9）。

图 5.9

第一和第三张图像效果不错，但第二张明显被拉伸了。这是因为第一和第三张图像本来就是正方形的，缩减成了 800 像素 x800 像素以后比例不变。但第二张图像原本并不是正方形的，程序硬是把它给拉成了 800 像素 x800 像素，就产生了变形。

为了不让图像变形，必须保持图像高度和宽度的比例不变。为了保持比例不变，我们首先需要让高或者宽变成 800 像素，而另外一个要根据比例计算得出。

我们可以自己写程序，动态计算高和宽应该是多少（其中一个是 800 像素）。幸运的是 pillow 模块提供了 thumbnail()，可以实现等比例缩放。

下面是使用 thumbnail() 调整图片比例的代码：

```
import os
from PIL import Image

path = 'images'
out_path = 'output'
logo = Image.open('logo.png')
for filename in os.listdir(path):
    image = Image.open(path + '/' + filename)
    image.thumbnail((800, 800))
    x = image.width - logo.width - 5
    y = image.height - logo.height - 5
    image.paste(logo, (x, y))
    image.save(out_path + '/' + filename)
```

注意，这个方法是在原来的图像对象上缩放，所以我们不用像使用 resize() 一样定义新的变量。这个过程发生在内存里，图像会保存到一个新的位置，所以仍然不会影响硬盘上的原始图像。这样处理的结果就是，第一和第三张图像被裁剪成了 800 像素 x800 像素，但第二张图像的高度被调整为 800 像素，宽度被调整为 533 像素（图 5.10）。

图 5.10

这样看上去 logo 与图像就很协调了。

5.5 其他的图像处理技巧

上面介绍的抠图、给图像加 logo、批量加水印和图像裁剪，是办公场景中非常常用的操作。如果你正好手头没有 Photoshop 等专业图像处理软件，或者根本不会使用 Photoshop，那么利用 Python 编程来操作，效率真的很高。

此外，虽然 Photoshop 中也有批量处理图像的功能，但一般只有专业的平面设计师才掌握。因此，对于职场办公人员，通过 Python 来批量处理图像，可比一张一张在 Photoshop 里面调整快很多。

- copy：复制图像。
- rotate：旋转图像。
- transpose：上下或者左右翻转图像。
- convert：转换图像格式。
- putpixel：设置像素上的颜色。

```
from PIL import Image, ImageColor

path = 'others/'
ms = Image.open('maishu.jpeg')

# 复制一个图像对象
ms2 = ms.copy()

# 修改图像的像素颜色
for x in range(100,200):
    for y in range(100, 200):
        ms2.putpixel((x, y), ImageColor.getcolor('yellow', 'RGBA'))
ms2.save(path + 'new_maishu.jpeg')

# 旋转
ms.rotate(90).save(path + 'maishu_90.jpeg')

# 翻转
ms.transpose(Image.FLIP_TOP_BOTTOM).save(path + 'maishu_up_down.jpeg')

# 改格式
ms.convert('RGB').save(path + 'maishu.png')
ms.convert('RGB').save(path + 'maishu.gif')
```

5.6 用 Python 画图

除了操作已有的图像，我们还可以利用 Python 的 ImageDraw 功能生成新的图像，并在上面画出形状和输入文字。

1 生成新的图像

使用 Image.new 命令创建一个 400 像素 x400 像素的新图像，通过参数指定图像的 RGBa 颜色模式、图像的大小和图像的颜色：

```
from PIL import Image

img = Image.new('RGBA', (400, 400), 'black')
img.save('draw/' + 'myImg.png')
```

2 用 ImageDraw 画图形

在保存前，我们在图像上面画出几个图形：

```
from PIL import Image, ImageDraw
img = Image.new('RGBA', (400, 400), 'white')
# 在img上生成一个画笔
pen = ImageDraw.Draw(img)
# 画点
pen.point([(190, 200), (200, 200), (210, 200)], 'blue')
# 画线
pen.line([(180,180), (220, 180), (220, 220), (180, 220), (180,180) ], 'red')
# 画矩形
pen.rectangle((300,300, 320, 320), 'blue')
# 写字
pen.text((350, 350), 'Python', 'blue')
img.save('draw/' + 'myImg.png')
```

- point() 用来画点：第一个参数是表示点的坐标的一个列表，第二个参数指定颜色。
- line() 用来画直线：第一个参数是线段的端点的坐标，如果多于两个点，就会画出多条线段。
- rectangle() 用来画正方形：第一个参数指定正方形的左上角和右下角的坐标，第二个参数指定填充色。
- Text() 用来写字：第一个参数是坐标，第二个参数指定要写的文字，第三个参数指定字的颜色。

5.7 人像美颜

使用 pillow 模块，可以完成各类重复性的工作。但如果要解决更复杂的问题，比如人像美颜、滤镜效果、人脸识别等，就需要使用更加专业的模块。这一节，麦叔将介绍一种

Python 美颜方法（图 5.11）。

图 5.11

通过对比图 5.11 中的两张图可以发现，人像脸部的痘痘神奇地消失了。要想实现这个效果，我们要使用一个强大的模块——OpenCV。这是一个使用 C/C++ 语言编写的计算机视觉类库，可以处理图像和视频。Python 开发者基于 OpenCV 开发了 opencv-python 模块，所以我们就可以在 Python 中轻松地使用 OpenCV 了。

首先需要安装 opencv-python：

```
pip install opencv-python
```

然后就可以使用这个库实现照片美颜了：

```
import cv2  # 引入opencv

dist = 20 # 定义折中算法中用的距离
img = cv2.imread('beautify/before.jpg')  # 读取图像
img_new = cv2.bilateralFilter(img, dist, dist * 2, dist/2)  # 双边滤波过滤操作
cv2.imwrite('beautify/after.jpg', img_new) # 保存处理后的图像
```

使用 OpenCV 的 bilateralFilter() 对图像进行处理，然后保存为 after.jpg，就实现了美颜效果。 bilateralFilter() 是一种被称为双边滤波的图像处理算法，它结合图像中空间的

距离和像素颜色的相似度做折中处理，这样就可以去掉那些不光滑的像素（痘痘）。

其中，dist 变量就是做折中处理的时候取的两个点的距离，距离越大，图像修复的效果越明显。相反，如果两点之间距离太小，可能就不能实现美颜了。你可以尝试修改这个值，对比不同的修复效果。

5.8　滤镜效果

很多 App 都可以把一张照片变成黑白或者其他各种不同的风格，这都是使用了某种滤镜的效果。借助 OpenCV，我们也可以实现此类效果。接下来，我们把图 5.11 中的照片变成灰色和黑白照（图 5.12）。

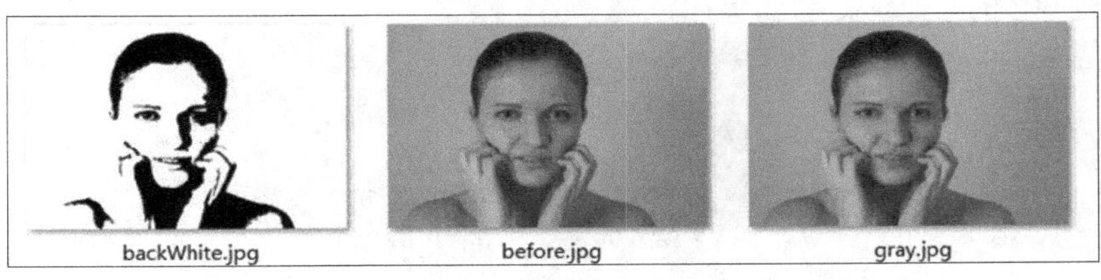

图 5.12

```
img = cv2.imread('beautify/before.jpg')
grayImage = cv2.cvtColor(img, cv2.COLOR_BGR2GRAY)  # 转换为灰度图像

(thresh, bwImg) = cv2.threshold(grayImage, 127, 255, cv2.THRESH_BINARY)
# 转换为黑白图像
cv2.imwrite('beautify/gray.jpg', grayImage)
cv2.imwrite('beautify/backWhite.jpg', bwImg)
```

像素的灰度本来是一个连续的值，通过这个方法可把所有像素变成要么白（255）、要么黑。代码中的 127 表示，只要像素的值大于 127，就将其变成 255（白），否则变成 0（黑）。

OpenCV 是一款非常强大和复杂的功能模块，可以实现很多惊人的功能，麦叔无法在这本书中面面俱到。你只要知道这些技术的存在就好，当你遇到了更复杂的问题，你就可以找到学习的方向。

第6章

文件批处理

获取本章代码和相关资料：关注公众号麦叔编程，回复 book2。

不管是处理海量的Excel表格还是无尽的Word文档，要想真正提高工作效率，都离不开文件的批处理。对文件的批处理操作，主要涉及两个方面。

- 处理文件内容：读取、写入文件内容。
- 处理文件本身：查找、删除、复制和移动文件。

现在，让我们创建一个名为ch6的文件夹，我们在本章用到的内容都会放在这个文件夹中。

6.1 读取文件

1 创建文件

创建一个新的文本文件，命名为zen.txt，并在里面写入一些内容，比如Python之禅：

```
The Zen of Python, by Tim Peters

Beautiful is better than ugly.
Explicit is better than implicit.
Simple is better than complex.
Complex is better than complicated.
Flat is better than nested.
Sparse is better than dense.
Readability counts.
Special cases aren't special enough to break the rules.
Although practicality beats purity.
Errors should never pass silently.
Unless explicitly silenced.
In the face of ambiguity, refuse the temptation to guess.
There should be one-- and preferably only one --obvious way to do it.
Although that way may not be obvious at first unless you're Dutch.
Now is better than never.
Although never is often better than *right* now.
If the implementation is hard to explain, it's a bad idea.
If the implementation is easy to explain, it may be a good idea.
Namespaces are one honking great idea -- let's do more of those!
```

Python之禅是Python开发者的精神理念。在交互式Python中输入如下命令，就可以看到这段宣言：

```
import this
```

2 读取文件

接下来，我们写一个 Python 程序，就可以读取这些内容。

```
file = 'zen.txt'
print('1.使用read读取文件内容，但这种打开方法不好！')
f = open(file, 'r+') # 使用open()打开文件，并赋值给变量f
print(f.read()) # 使用read()读取文件的全部内容
f.close() # 使用close()关闭文件
```

其中，open() 的第一个参数是文件名，第二个参数表示打开文件的模式。

- r 代表 read，表示以读的方式打开文件。
- w 代表 write，表示写，以 w 模式打开是危险的，会覆盖原来的内容。
- a 代表 append，表示添加，是在原有内容的基础上添加内容，而不是覆盖原来的内容。

如果你忘记使用 close() 关闭文件，程序在运行的时候会一直占用这个文件，造成资源浪费。

3 读取文件中的部分内容

read() 用于一次性读取文件中的所有内容。我们也可以通过传递参数给 read()，只读取文件中的部分内容：

```
file = 'zen.txt'
print('2. 只读取部分内容')
f = open(file, 'r')
print(f.read(5)) # 从文件中读取5个字符
print(f.read(8)) # 读取8个字符
f.close()
```

运行上面的程序，会打印出如下内容：

```
The Zen of Py
```

程序会记住上次读到了什么地方，并从上次结束的地方开始继续往下读。

4 用 with as 打开文件

前面的代码有一些问题：

```
f = open(file, 'r+')
print(f.read())
f.close()
```

如果忘记写关闭代码，会造成文件一直被占用；或者如果在第 2 行程序抛出了错误，也会造成第 3 行不能运行，从而导致文件无法被关闭。有时候，某些文件不能被删除，就是因为某些程序没有关闭文件造成的。所以这不是很好的写法，更好的写法是使用 with 语句：

```
with open(file, 'r') as f: # 打开文件并且赋值给变量f
    print(f.read(5))
    print(f.read(8))
```

使用 with...as 写法，对 open() 起到了保驾护航的作用，它会确保文件在用户操作完毕后被自动关闭，我们就不用手工写代码来关闭了。用于读取的代码相对于 with 语句有缩进，表明这里的代码属于 with 语句块。在这些代码执行完毕后，with 就会关闭文件。从现在开始，麦叔建议大家都使用 with 写法。

5 按行读取

使用 readlines() 和 readline()，可以按行读取文件中的内容：

```
print('4. 用readlines按行读取')
with open(file, 'r') as f:
    lines = f.readlines() # readlines()返回一个列表，里面包含每一行的数据
    print(f'共有#{len(lines)}行内容')
    print(lines)
```

运行程序，打印出来的内容中，除了最后一行，都是以“\n”结尾的，这个就是换行符。文件内容保存在文件中，就是通过换行符来确定换行的。

readlines() 会一次性把所有的行读取到一个列表中。我们可使用 readline()(相对 readlines() 少了一个 s)，一次只读取一行。在下面的代码中，我们只读取文件的前 5 行：

```
print('5. 用readline - 读取前5行')
with open(file, 'r') as f:
    for i in range(0,5):
        print(f.readline(), end='')
```

由于每一行代码已经自带了换行符，因此要在 print 的代码中添加 end='', 表示不要自动换行。如果不加这个参数，会造成两行中间有一个额外的空行。

按行读取文件的内容，也可以直接循环遍历文件对象：

```
print('6. 按行读取-直接循环遍历文件')
with open(file, 'r') as f:
    for line in f:
        print(line, end='')
```

用 for 循环直接遍历文件 f，就可以逐行读取内容。

6.2 写入文件

1 写入随机数

要想写入文件内容，需要使用 write() 或 writelines()：

```
import random
with open('numbers.txt', 'w') as f:
```

```
    for i in range(0, 100):
        num = random.randint(1, 100)
        f.write(str(num)) # 使用write()把随机数字写入文件
    f.flush()
```

代码中使用 w 模式打开了一个名为 numbers.txt 的文件，表示要写入这个文件。使用 w 模式时，如果文件不存在，程序会自动创建一个文件。write() 只能接受字符串，所以要用 str 把整数变成字符串。

调用 write() 后，程序不一定马上把内容写到硬盘中，这是为了提升性能；如果要强制马上写入，就可以调用 flush()。

2 添加换行符

打开 numbers.txt 后你会发现，写入的数字全都连在一起了。这是因为 write() 不会自动添加换行符，需要我们自己添加。因此，只要对其中的代码稍作修改就可以了：

```
f.write(f'{num}\n')   # 在最后面添加了\n换行符
```

3 使用添加模式

另外，运行程序时，新的内容被加进去，原来的内容都会被清空。如果我们想在加入新内容的同时保留原来的内容，该怎么做呢？此时只要把模式改成“a”就可以了：

```
with open('numbers.txt', 'a') as f:
    for i in range(0, 100):
        num = random.randint(1, 100)
        f.write(f'{num}\n')
```

4 一次性写入列表

除了 write()，还可以使用 writelines()，一次性写入一个列表。

```
with open('numbers.txt', 'w') as f:
    nums = []
# 把随机数字放到一个列表中
    for i in range(0, 100):
        num = random.randint(1, 100)
        nums.append(f'{num}\n')
    f.writelines(nums) # 使用writelines()一次性写入列表中的内容
```

5 性能问题

程序指令运行得很快，但一旦涉及文件操作，速度就会慢很多。我们这里的文件很小，所以你察觉不到性能问题。但是如果文件很大，或者内容很多，就能感觉出来。

程序在内存中运行，就好比厨师在厨房制作盒饭，而把内容写入文件（或者从文件读取内容）就好比外卖骑手把盒饭送到客户家里。在厨房可以快速地制作出很多盒饭，但是要把盒饭送到客户家里，还需要花很多时间。

使用 write()，就好像是外卖骑手每次只送一份盒饭，而使用 writelines() 就好比外卖骑手一次性送去很多盒饭，效率要高得多。而这也是为什么使用 write() 不会马上写入硬盘，而是会晚点批量写入，或者调用 flush() 的时候才写入。

如果你现在还不能领会这一点，也没有问题。等你遇到了性能瓶颈，可以再回来看这一小段内容。

6.3 文件路径

初学者经常会因为自己编写的程序读取不到文件而困惑。遇到这种情况时，首先看看程序中是否有拼写错误，然后就是要理解本节的内容——文件路径。

1 相对路径

前面的代码并没有指明要读取的文件所在的目录。默认情况下，Python 会以执行 python 命令的目录为起点查找文件：

```
with open('zen.txt', 'r') as f:
    print(f.read())
```

假设麦叔将程序和数据文件都放在 C:\maishu\files。

- 程序：learn_path.py；
- 文件：zen.txt。

如果在 C:\maishu 目录下执行 python 命令：

```
python files\learn_path.py
```

程序会报错：

```
FileNotFoundError: [Errno 2] No such file or directory: 'zen.txt'
```

这是因为在 C:\maishu 目录下并没有 zen.txt。zen.txt 在 C:\maishu\files 下。有两种方法来处理这个错误。

一是在 C:\maishu\files 下执行命令 python learn_path.py。因为执行的目录就在 files 中，所以去 files 下可以找到 zen.txt，就不会报错了。

二是仍然在 C:\maishu 下执行命令 python files\learn_path.py，但要把代码修改一下：

```
with open('files/zen.txt', 'r') as f:
    print(f.read())
```

因为读取文件的时候写的是 files/zen.txt，所以会在 C:\maishu 下的 files 文件夹中去读取 zen.txt，也没问题了。

这就叫相对路径，Python 会以执行脚本的目录为起点去查找文件。

相对路径可以引用子目录，比如 folder1/folder2/file.txt 是指当前目录下的子目录 folder1 的子目录 folder2 下的文件 file.txt。

相对路径可以引用上一级目录，通常用两个点表示。

- ../folderx/filex.txt 表示上一级目录下的 folderx 下的文件 filex.txt。
- ../../folderx/filex.txt 表示上一级目录的再上一级目录下的 folderx 目录下的文件 filex.txt。

举个例子：麦叔告诉你，往前走 100 米，左转，然后走 200 米，就能找到宝藏。

宝藏的位置是相对于当时说这句话的麦叔所在的位置而言的，在不同的地方说这句话，就会表示不同的宝藏地址，这就是相对路径。

2 绝对路径

相对路径虽然使用方便，但也有很大的局限性，在不同的目录下执行程序可能会产生不同的结果。为了稳定可靠，我们可以指定文件的完整目录，也就是绝对路径。这样不管在哪里执行程序，我们都能够正确地读取文件。

```
file = "C:/maishu/files/zen.txt"
with open(file, 'r') as f:
    print(f.read())
```

因为 file 的路径是从盘符开始的，也就是指定了绝对路径，不管在哪个目录下执行命令，程序都会去 C:/maishu/files 目录下寻找文件 zen.txt。

在 Windows 系统中，从盘符开始的路径就是绝对路径，它指明了绝对的地址。

对于 Linux 或者 macOS 系统，绝对路径是从斜杠开始的：/users/maishu/files/zen.txt。

还是用上面的例子，麦叔告诉你，去中国北京市东城区夕照寺街 14 号，就能找到宝藏。

这就是一个绝对地址，不管在什么地方告诉你，你都可以正确无误地找到这个绝对地址。

3 使用 file 变量获取绝对位置

通过 file 变量可以获得当前执行的 Python 程序所在的绝对位置：

```
with open('zen.txt', 'r') as f:
    print(f.readline())
print(__file__)
```

4 os.path

os.path 模块提供了多个和文件路径有关的方法：

```
import os
```

```
file = 'zen.txt'
# 用abspath()获取绝对路径
full_path = os.path.abspath(file)
print('绝对路径：' + full_path)

# 获取目录
dir = os.path.dirname(full_path)
print('目录：' + dir)

# 获取文件名
print('文件名：' + os.path.basename(full_path))

# 获取文件大小
print(f'文件大小：{os.path.getsize(full_path)}')

# 拼接路径
file2 = 'new_file.txt'
print(f'拼接路径：{os.path.join(dir, file2)}')
```

6.4 乱码问题

乱码是程序员的噩梦之一。造成乱码的原因只有一个：文本编码和解码时应用了不同的编码格式。

计算机只能存储 0 和 1，我们在屏幕上所看到的字符，都是以二进制数字的形式存储在计算机中的。

编码格式规定了字符在计算机中对应的二进制数，比如字母 A 在计算机上是用 01000001 表示的。同一个字符（比如“大”字）在不同的编码格式中，可能用不同的二进制数表示。

常见的编码格式有 ASCII、UTF-8、GBK、GB2312（标准号 GB2312—1980）等。Python 默认使用 UTF-8，这也是麦叔向所有读者推荐的编码格式，因为 UTF-8 可以处理各种语言字符。

现在开始我们的案例。首先在相关资料中下载文件 words.txt，里面有 200 多个单词。

```
able [ eibl] a.有能力的；出色的
```

运行下面这段程序：

```
with open('words.txt', 'r', encoding='GBK') as f:
    for line in f:
        print(line)
```

执行上面的代码会出现如下错误：

```
UnicodeDecodeError: 'gbk' codec can't decode byte 0x80 in position 8:
illegal multibyte sequence
```

这句话的意思是，使用 GBK 编码解读这段文字的时候发现了不合法的字节流。

这是因为这个文件用的是 UTF-8 编码，而代码中使用 GBK 编码去解读这个文件。

如果你去掉第 1 行代码中的 encoding 参数，就会变成这样：

```
with open('words.txt', 'r') as f:
    for line in f:
        print(line)
```

再次执行代码，有的人可以成功读出内容，有的人还是会看到上面的错误提示。这取决于你的操作系统。大部分 Windows 系统的默认编码是 GBK，我们在代码中没有指定编码格式，Python 会使用默认的 GBK 编码去解读文件，仍然会报错。

如果你没有碰到错误，那么恭喜你了，但你仍然需要理解其中的原理。如果你碰到了错误，可以修改代码指定的编码格式：

```
with open('words.txt', 'r', encoding='utf-8') as f:
    for line in f:
        print(line)
```

上述代码在 open() 中传入了第三个参数，告诉 Python 使用 UTF-8 去解读这段内容，这样就不会报错了。

6.5　复制文件和文件夹

前面几节介绍了如何操作文件里面的内容，接下来的几节介绍如何操作文件本身，比如复制文件、删除文件等。假设 C:\maishu\files 文件夹下有一个 zen.txt 文件和一个子文件夹 subfolder，而 subfolder 下面有一个文件 words.txt（图 6.1）。

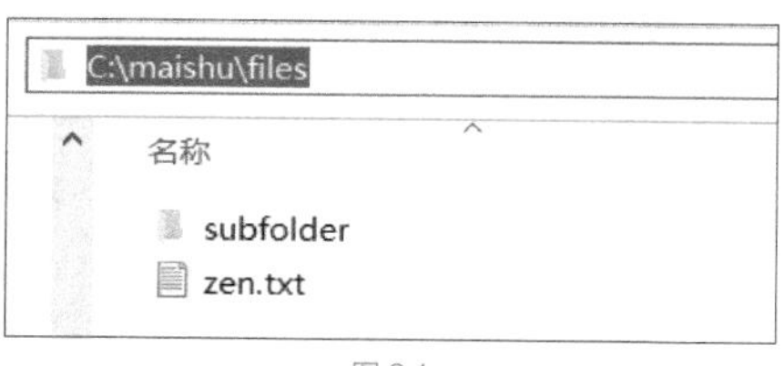

图 6.1

操作文件和文件夹，需要使用两个 Python 模块。它们都是 Python 自带的模块，不用安装。

- os：是操作系统的意思。

- shutil：是 shell utility 的缩写，中文意思是命令行工具。

1 复制文件

复制文件是最常见的文件操作：

```
import shutil, os

folder = 'C:/maishu/files'
src = os.path.join(folder, 'zen.txt')
dst = os.path.join(folder, 'zen2.txt')
shutil.copy(src, dst)
```

上述代码定义了原始文件的绝对路径和目标文件的绝对路径。这里使用 os.path.join 来拼接，我们也可以直接拼接字符串。shutil 模块的 copy() 需要接收两个参数：原始文件路径以及目标文件路径。

2 把文件复制到子文件夹

目标文件可以是全路径，也可以只包含文件夹。如果只包含文件夹，文件会被复制到目标文件夹，使用原来的名字：

```
folder = 'C:/maishu/files'
src = os.path.join(folder, 'zen.txt')
dst = os.path.join(folder, 'subfolder') # 拼接目标文件的文件夹
shutil.copy(src, dst)
```

3 copy() 和 copy2() 的区别

shutil 模块中还包含一个 copy2()，它和 copy() 的功能几乎一模一样，区别在于 copy2() 在复制文件的时候还会保留文件源数据 (metadata)，比如修改时间等。

使用 copy() 时，新文件的修改时间就是当前的时间，而使用 copy2() 会保留原始文件的修改时间。

现在，你来使用 copy2() 替换前面例子中的 copy()，再次运行代码，看看有什么变化。

4 复制文件夹

复制整个 files 文件夹的代码如下：

```
src = 'C:/maishu/files'
dst = 'C:/maishu/files2'
shutil.copytree(src, dst)
```

copytree() 非常生动形象地体现了它的功能，把 files 文件夹复制为 files2 文件夹，文件夹里面的内容也都复制过去了，就好像把整棵树从根到叶都复制了。

6.6　重命名

在 Linux 操作系统中，改名是使用 move() 来实现的。通过 move(file1, file2) 就可以把 file1 改为 file2 了。

```
folder = 'C:/maishu/files'
src = os.path.join(folder, 'zen2.txt')
dst = os.path.join(folder, 'zen_new.txt')
shutil.move(src, dst)
```

使用 move() 也是接收原始文件和目标文件的路径，但原始文件会被移除，而使用 copy() 会保留原始文件。

重命名文件夹和重命名文件的操作是一样的：

```
src = 'C:/maishu/files2'
dst = 'C:/maishu/files_new'
shutil.move(src, dst)
```

6.7　删除文件

1 删除 zen_new.txt

删除文件使用 os.remove()：

```
file = os.path.join('C:', 'maishu', 'files', 'zen_new.txt')
os.remove(file)
```

使用 os.path.join() 可以把层文件夹拼接成一个完整的路径，使用 remove() 可以移除文件。

2 判断文件是否存在

再次运行前面的代码删除 zen_new.txt，程序会报错，因为 zen_new.txt 已经不存在了：

FileNotFoundError: [WinError 2] 系统找不到指定的文件。

为了防止报错，让程序更健壮，我们在删除和读取文件之前，可以先判定文件是否存在：

```
if os.path.exists(file):
    os.remove(file)
```

3 删除文件夹

可以使用 os.rmdir() 删除文件夹，但它只能删除空的文件夹。如果文件夹里还有内容，程序就会报错。这是出于安全考虑。 如果要删除包含内容的文件夹，使用 shutil.rmtree()

即可:

```
folder = 'C:/maishu/files_new'
shutil.rmtree(folder)
```

使用 shutil.rmtree() 会移除文件夹和里面的内容。其中，rm 是 remove 的缩写。

6.8 遍历文件夹与寻找特定文件

现在，创建一个新的文件夹 C:\maishu\images，并在 folder1 和 folder2 下面各自放一些图片（图 6.2）。

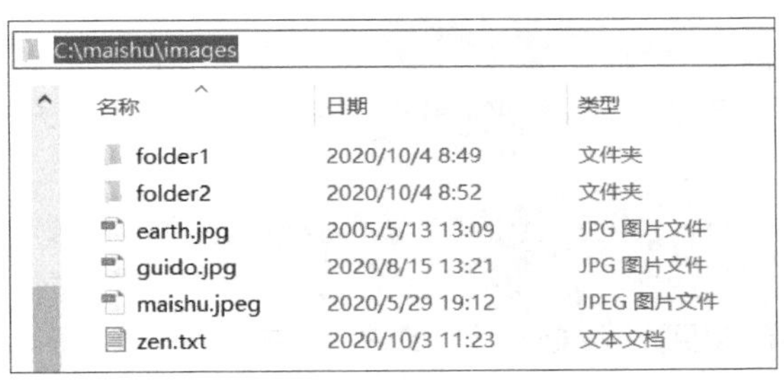

图 6.2

1 遍历单个文件夹

使用 os.listdir() 遍历文件夹中所有的文件，并打印 images 文件夹中的内容:

```
import os
path = 'C:/maishu/images'
for file in os.listdir(path):
    print(file)
```

输出结果如下:

```
earth.jpg
folder1
folder2
guido.jpg
maishu.jpg
zen.txt
```

在此基础上，对自己有更高要求的读者还可以对程序进行优化:

```
import os
path = 'C:/maishu/images'

for file in os.listdir(path):
    full_path = os.path.join(path, file)
```

```
    if os.path.isdir(full_path):
        print(f'文件夹: {full_path}')
    else:
        if file.endswith(('.jpg', '.jpeg', '.png', '.gif')):
            print(f'图片: {full_path}')
        else:
            print(f'其他: {full_path}')
```

如此一来，程序就能够输出文件的绝对路径和类型。

其中，os.path.isdir() 用来判断一个文件是否是目录（isdir 中的 dir 是“目录”的英文 directory 的缩写）。使用 os.listdir() 只能遍历单个文件夹下的文件，如果有多层文件夹，要使用 os.walk()。

2 遍历多层文件夹

os.walk() 会逐层查找所有文件夹，并且返回文件夹的名字、子文件夹列表以及文件列表：

```
for dirname, subdirlist, filelist in os.walk(path):
    print(f'==={dirname}===')
```

os.walk() 会循环返回它找到的一个个文件夹，并返回 3 个变量。

- dirname：当前找到的文件夹名字。
- subdirlist：文件夹下的子文件夹列表。
- filelist：文件夹下的文件列表。

输出结果如下：

```
===C:/maishu/images===
===C:/maishu/images\folder1===
===C:/maishu/images\folder2===
```

可以看到，程序返回了 3 个文件夹，先是最外层的文件夹，然后是里面的两个子文件夹。

按照如下方式优化程序后，可以打印出每个文件夹里的内容：

```
for dirname, subdirlist, filelist in os.walk(path):
    print(f'==={dirname}===')
# 打印文件列表
    print('--文件')
    for f in filelist:
        print(f'    {f}')
# 打印子文件夹列表
    print('--子文件夹')
    for d in subdirlist:
        print(f'    {d}')
```

3 查找特定文件

现在，让我们来综合运用前面学到的知识，完成以下 3 个小任务，以此检验学习效果。

- 循环遍历 images 文件夹下的所有文件。
- 找出所有大于 30KB 的图片文件。
- 将找到的图片文件复制到 maishu 文件夹下的 big_images 文件夹中。

```
import os, shutil
src_folder = 'C:/maishu/images'  # 原始图片文件夹
big_folder = os.path.join('C:/maishu', 'big_images') # 目标图片文件夹
# 判断文件夹是否存在，如果不存在，先创建文件夹
if not os.path.exists(big_folder):
    os.makedirs(big_folder)

for dirname, subdirlist, filelist in os.walk(src_folder):
# 循环遍历每个文件夹
    for file in filelist:
        file_path = os.path.join(dirname, file)
# 计算文件的大小，除以1024是为了把MB转换为KB
        size_in_kb = os.path.getsize(file_path)/1024
# 判断是否是图片格式，且大于30KB
        if file.endswith(('.jpg', '.jpeg', '.png', '.gif')) and size_in_
kb > 30:
            # 使用copy2()复制文件，因为我们想要保留文件的修改时间等源数据
shutil.copy2(file_path, big_folder)
```

6.9 压缩和备份

备份重要的文件是一个极其重要的习惯。在备份文件前，我们一般会压缩文件。尤其是纯文本文件，压缩比一般在10以上，也就是说100MB的文件通常可以压缩到10MB以下。但对于图片文件压缩来说，效果就不怎么好了，因为大部分图片格式本身已经是压缩过的了。

1 压缩整个文件夹

这里又要用到 shutil() 了：

```
import shutil
folder = 'C:/maishu/big_images'
archive_file = 'C:/maishu/images_backup'

shutil.make_archive(archive_file, 'zip', folder)
```

使用 shutil.make_archive() 把文件夹 folder 压缩成一个名为 archive_file 的压缩文

件。其中第二个参数指定了使用 ZIP 压缩格式。

2 压缩单独的文件

shutil 模块只能压缩文件夹，如果要压缩单独的文件，需要使用 zipfile 模块：

```
import os
import zipfile # 引入zipfile模块

folder = 'C:/maishu/images'
# 使用zipfile创建压缩文件
zf = zipfile.ZipFile("C:/maishu/bigimages2.zip", "w")
for file in os.listdir(folder):
    file_path = os.path.join(folder, file)
    size_in_kb = os.path.getsize(file_path)/1024
    if file.endswith(('.jpg', '.jpeg', '.png', '.gif')) and size_in_kb > 30:
# 把符合条件的文件写入压缩文件
        zf.write(file_path)
zf.close() # 关闭压缩文件
```

6.10 小结

文件操作是每个职场人每天都要做的事情：创建文件、整理文件、修改文件、删除文件、备份文件、发送文件，等等。如果你的工作中有一些烦琐、重复的内容，这时候就可以用 Python 实现文件操作的自动化，提高效率，解放你的时间去做更加有价值的事情。

本章用简洁的描述和代码片段介绍了文件操作的方方面面。如果你不能一次性全部掌握，也可以在需要的时候翻开本书快速查询相关代码，直接拿来使用；还可以关注麦叔编程，加入讨论群。

用 Python 操作文件很容易学会，但路径问题和乱码问题也确实会烦扰编程者。本章对这两个问题给出了简洁明了的解释和例子，只要理解了问题的根本原因，解决起来就简单了。

第 7 章

使用 Python 生成专业美观的数据型 PPT

获取本章代码和相关资料：关注公众号麦叔编程，回复 book2。

PPT 是职场人士接触最多的文档之一，制作和处理 PPT 通常也是最花时间与精力的工作。那么我们能不能利用 Python 代码，轻松又高效地完成 PPT 相关的任务呢？在本章中，麦叔将带领大家感受利用 Python 玩转 PPT 的奇妙体验，保证你学会以后，再也离不开 Python。

7.1　安装 python-pptx 模块

如果没有现成的资料可以参考，我们应该如何学习使用 Python 操作 PPT 呢？ 还是用老方法，先在网上搜索一下，因为最新版本的 PPT 文档的缩写是 pptx，所以搜 “python pptx” 即可。在最前面的几条搜索结果中就有 Python 的 pptx 自动化模块——python-pptx（图 7.1）。

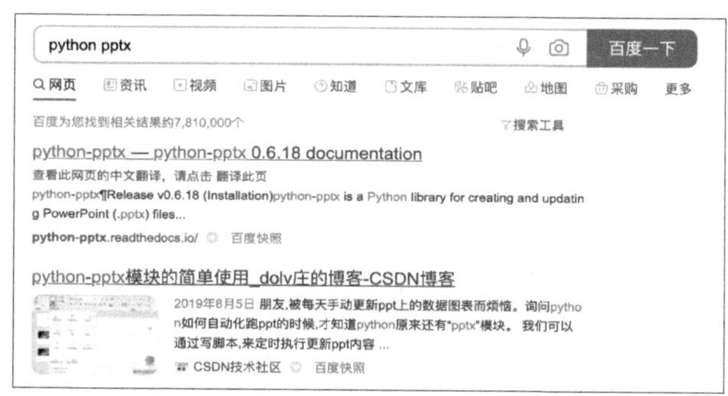

图 7.1

要想学会使用 python-pptx，除了通过某些教程学习，最好的方法还是直接找到这个模块的官方文档。我们可以去 Python 官方库 pypi 查找要使用的模块，然后跟着官方文档学习和体会。

python-pptx 的官方文档为英文，有英文基础的读者应该可以看懂。如果英文掌握得不熟练，那么你可以跟着麦叔来学习，我会把自己掌握的知识和方法，以尽量简单的方式传授给你。

python-pptx 模块的安装方法与其他模块相同，相信你学了前面的内容后，已经可以自信熟练地安装模块了：

```
python -m pip install python-pptx
```

7.2　PPT 核心概念

在开始学习使用 Python 操作 PPT 之前，大家要先理解 PPT 中的几个核心概念。

- Presentation：表示一个 PPT 文档。
- slide：一个文档有很多页面，每个页面就是一个 slide。
- layout：每一个页面（slide）都有一个布局，PPT 自带了一些布局。
- shape：页面上的所有元素都被称为 shape，它包括文本、图片和表格等。

接下来，麦叔带领大家从零开始学习 PPT 自动化。

在上一节中，我们已经安装好了 python-pptx 模块，接下来让我们创建一个只有一页的 PPT，这唯一的一页上只有标题和副标题：

```
from pptx import Presentation
# 新建一个PPT文档，Presentation表示PPT文档
prs = Presentation()
# 获取PPT自带的第一个布局
title_slide_layout = prs.slide_layouts[0]
# 添加一页PPT，需要传入页面的布局作为参数
slide = prs.slides.add_slide(title_slide_layout)
# 获取页面的标题(title)所对应的图形
title = slide.shapes.title
# 获取副标题，PPT模板自带了一些占位符，也就是placeholder，第一个是标题，第二个是副标题
subtitle = slide.placeholders[1]
# 设置标题和副标题的文字
title.text = "Hello, World!"
subtitle.text = "python-pptx was here!"
# 保存文档
prs.save('7.2.pptx')
```

这一节的内容直观且简单，代码中的注释说明了所有问题。运行程序后，就会生成一张最简单的 PPT（图 7.2）。

Hello, World!
python-pptx was here!

图 7.2

7.3 使用 Python 精准操作 PPT

麦叔觉得，使用 Python 创建 PPT 之所以可以提升效率，并不是因为 Python 的功能比 PowerPoint 更强大，而是因为 Python 可以让你专心思考 PPT 中的真正内容，而

不会因为烦琐的操作而分心。本节我们学习一些基本操作，基于这些基本操作，你可以用代码构建出复杂的 PPT。

1 给 PPT 添加列表

下面的代码仍然创建了一个只有一页的 PPT 文档，只是在布局中添加了一些文字列表：

```
from pptx import Presentation

prs = Presentation()  # 创建一个空的PPT
bullet_slide_layout = prs.slide_layouts[1] # 获取一个布局

slide = prs.slides.add_slide(bullet_slide_layout) # 添加一个slide，使用上面获取的布局
shapes = slide.shapes  # 获取所有的shape

title_shape = shapes.title  # 获取标题shape
body_shape = shapes.placeholders[1]  # 获取占位符

title_shape.text = 'Adding a Bullet Slide'  # 设置文本

tf = body_shape.text_frame  # shape中的文字由text_frame管理
tf.text = 'Find the bullet slide layout'

p = tf.add_paragraph()  # 一个text_frame包含一个或多个段落
p.text = 'Use _TextFrame.text for first bullet'
p.level = 1  # 设置缩进

p = tf.add_paragraph()
p.text = 'Use _TextFrame.add_paragraph() for subsequent bullets'
p.level = 2  # 第二级段落

prs.save('7.3.pptx')
```

运行程序，结果如图 7.3 所示。

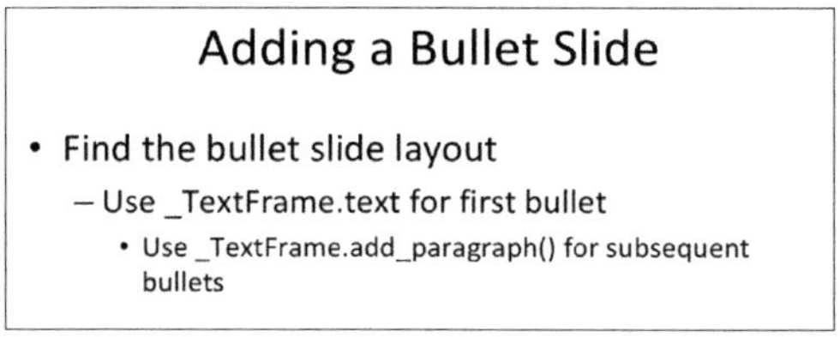

图 7.3

> **TIPS**
> 并不是所有的 shape 都可以写文本，我们可以通过 shape.has_text_frame 来判定当前 shape 是否可以有文本。

2 添加自由文本

下面的代码在新的 PPT 文档中添加了一个空白页，在页面中的指定位置添加了一个文本框，然后设置文本框中的文字内容，并添加了两个新的段落：

```
from pptx import Presentation
# 引入尺寸单位：Inches（英寸）和Pt（点）
from pptx.util import Inches, Pt

prs = Presentation()
blank_slide_layout = prs.slide_layouts[6]
slide = prs.slides.add_slide(blank_slide_layout)  # 添加一个空白的布局

# 设置文本框的位置：左上角1英寸，也就是约2.54厘米，宽和高也是1英寸
left = top = width = height = Inches(1)
txBox = slide.shapes.add_textbox(left, top, width, height)
tf = txBox.text_frame

tf.text = "This is text inside a textbox"

# 给文本框中添加一个段落，设置为粗体
p = tf.add_paragraph()
p.text = "This is a second paragraph that's bold"
p.font.bold = True

# 再添加一个段落
p = tf.add_paragraph()
p.text = "This is a third paragraph that's big"

# 设置字体的大小为40
p.font.size = Pt(40)

prs.save('7.4.pptx')
```

运行程序，最后的结果如图 7.4 所示。

This is text inside a textbox
This is a second paragraph that's bold
This is a third paragraph that's big

图 7.4

3 添加图片

在开始操作之前，请确保把麦叔提供的素材图片放在了运行 python 命令的文件夹下。下面的代码在空白的 PPT 中添加了两张图片，但是它们的位置和大小不同（图 7.5）。

```
from pptx import Presentation
from pptx.util import Inches

img_path = 'maishu.jpg'

prs = Presentation()
blank_slide_layout = prs.slide_layouts[6]
slide = prs.slides.add_slide(blank_slide_layout)

left = top = Inches(1)
# 在左上角添加一张图片，使用图片默认大小
pic = slide.shapes.add_picture(img_path, left, top)

# 在指定位置添加一张图片，设定图片高度为4.5英寸
left = Inches(5)
height = Inches(4.5)
pic = slide.shapes.add_picture(img_path, left, top, height=height)

prs.save('7.5.pptx')
```

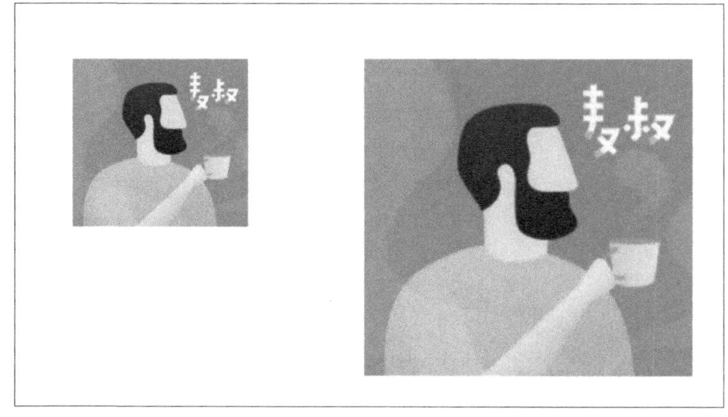

图 7.5

4 添加图形

下面的代码在一个只有标题的页面上添加了几个图形，首先添加了第一个图形（Step 1），然后循环添加后面的几个图形（图 7.6）。

```
from pptx import Presentation
# 引入图形
from pptx.enum.shapes import MSO_SHAPE
from pptx.util import Inches

prs = Presentation()
```

```
# 这个布局只有一个标题，其他由自己添加
title_only_slide_layout = prs.slide_layouts[5]
slide = prs.slides.add_slide(title_only_slide_layout)
shapes = slide.shapes

shapes.title.text = 'Adding an AutoShape'

left = Inches(0.93)
top = Inches(3.0)
width = Inches(1.75)
height = Inches(1.0)
# 给Step 1添加图形，并设定所在位置
shape = shapes.add_shape(MSO_SHAPE.PENTAGON, left, top, width, height)
shape.text = 'Step 1' # 设置图形文字
# 设定后面图形的位置
left = left + width - Inches(0.4)
width = Inches(2.0)
# 循环添加后面的几个图形，动态改变位置
for n in range(2, 6):
    shape = shapes.add_shape(MSO_SHAPE.CHEVRON, left, top, width, height)
    shape.text = 'Step %d' % n
    left = left + width - Inches(0.4)

prs.save('7.6.pptx')
```

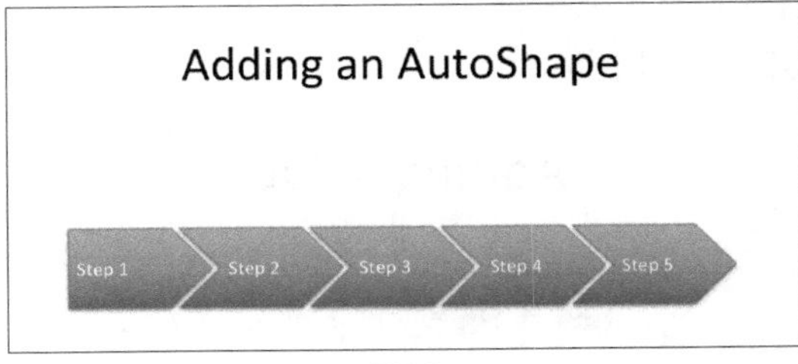

图 7.6

> **TIPS**
>
> MSO_SHAPE.PENTAGON、MSO_SHAPE.CHEVRON 等代表不同的图形，其他的自带图形可以查看 python-pptx 官方文档。

5 添加表格

下面的代码给只有标题的页面添加了一个简单的表格：

```
from pptx import Presentation
from pptx.util import Inches
```

```
prs = Presentation()
title_only_slide_layout = prs.slide_layouts[5]
slide = prs.slides.add_slide(title_only_slide_layout)
shapes = slide.shapes

shapes.title.text = 'Adding a Table'

rows = cols = 2
left = top = Inches(2.0)
width = Inches(6.0)
height = Inches(0.8)
# 添加表格
table = shapes.add_table(rows, cols, left, top, width, height).table

# 设置列的宽度
table.columns[0].width = Inches(2.0)
table.columns[1].width = Inches(4.0)

# 设置表头
table.cell(0, 0).text = 'Foo'
table.cell(0, 1).text = 'Bar'

# 写表格内容
table.cell(1, 0).text = 'Baz'
table.cell(1, 1).text = 'Qux'

prs.save('7.7.pptx')
```

运行程序，结果如图 7.7 所示。

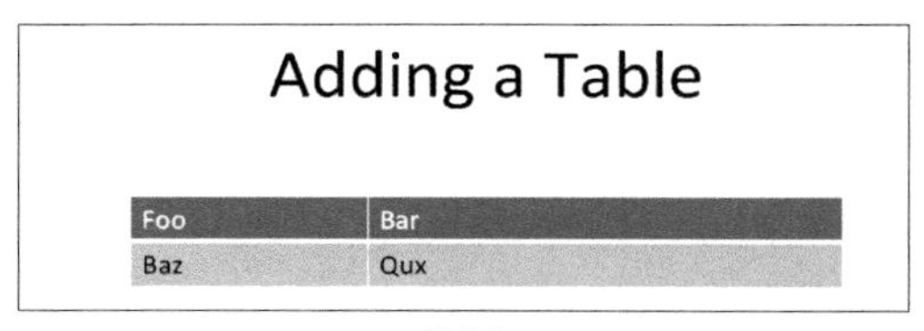

图 7.7

7.4　从 PPT 中提取信息

前面的代码都是用来新建与操作 PPT 文档的，本节将介绍如何加载已经存在的文档（test.pptx），并从中提取文本信息：

```
from pptx import Presentation
```

```
# 加载文档
prs = Presentation('test.pptx')
text_runs = []
# 循环遍历每一页
for slide in prs.slides:
    # 循环遍历页面上的每一个图形
    for shape in slide.shapes:
        # 如果图形没有文本框，直接跳过
        if not shape.has_text_frame:
            continue
        # 循环遍历文本框中每一个段落的每一个文本
        for paragraph in shape.text_frame.paragraphs:
            for run in paragraph.runs:
                text_runs.append(run.text)
print(text_runs)
```

到这里，大家对如何使用 python-pptx 处理 PPT 文档应该有了基本的认识，从下一节开始，我们将通过综合案例来熟悉和掌握上面所学的知识。

7.5 客户投资报表 PPT 实战

在这一节中，我们利用 Python 自动生成了一份客户投资报表，它共有 5 页，包含了文本、表格和图标等（图 7.8）。

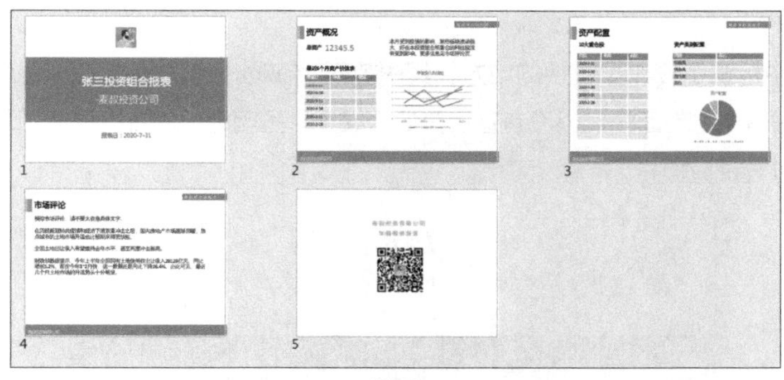

图 7.8

这个自动化项目涉及了多种 Python 技术的应用。

- 使用静态数据生成客户报表。
- 从 Excel 表格中读取并封装数据。
- 使用 Excel 表格中的数据动态生成客户报表。

本案例的最终参考代码为 mydata.py 和 myppt.py。

1 思考 PPT 要包含的内容

从零开始动态生成 PPT 的操作还是比较复杂的，所以更好的方式是先创建一个 PPT 模板，再基于模板动态生成 PPT。我们将这个案例的模板名称设置为“客户报表 .pptx”。

有了 PPT 模板，我们就可以替换和填充内容，而不需要用代码添加 slide 和 shape。我们先用前面介绍的方法来探索一下 PPT 模板，确保自己编写的程序可以正确读取和解析这个文件：

```
from pptx import Presentation

ppt = Presentation('客户报表.pptx')
for index, slide in enumerate(ppt.slides):
    print(f'========第{index +1}页==========')
    print(f'===共有{len(slide.shapes)}个shapes')
    for shape in slide.shapes:
        print(f'--shape start--')
        if shape.has_text_frame:
            print(shape.text_frame.text)
        else:
            print(shape)
```

2 制作封面

封面页（page1）的作用是让程序找到相应的 shape，并把里面的文字替换掉。但是注意，我们需要通过 run() 来替换，而不能直接用 paragragh()，否则文字会丢失样式。是不是和之前我们学过的 Word 替换很相似？毕竟 Word 和 PowerPoint 都是微软的 Office 软件。

图 7.9 中标注了 3 个要替换的地方，其中前两个在同一个段落中不同的 run 下，第三个在独立的段落中。下面的代码没有替换第二个文本，是因为“麦叔投资公司”是固定的，当然你也可以尝试替换它。

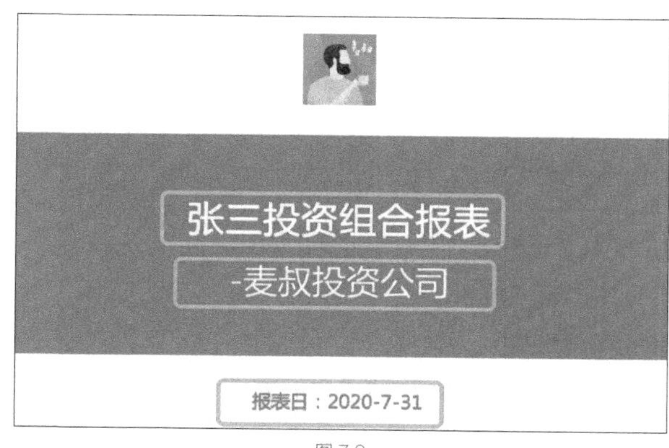

图 7.9

如果不知道要替换哪个页面、哪个段落、哪个 run，可以回顾一下前文的“思考 PPT 要包含的内容”部分。

现在，新建一个名为 myppt.py 的文档，本节介绍的关于 PPT 生成的多个方法都在这个文档中。

```
from pptx import Presentation
from pptx.chart.data import CategoryChartData, ChartData

def page1():
    slide = slides[0]
    shape1 = slide.shapes[0]
    tf = shape1.text_frame
    tf.paragraphs[0].runs[0].text = '这是测试报表'
    shape2 = slide.shapes[1]
    tf = shape2.text_frame
    tf.paragraphs[0].runs[1].text = '2020-8-8'

ppt = Presentation('客户报表.pptx')
slides = ppt.slides
page1()
ppt.save('张三.pptx')
```

3 替换资产数和市场评论

这一页 PPT 比较复杂，我们先来替换资产数和市场评论，方法和前面一样：

```
from pptx import Presentation
from pptx.chart.data import CategoryChartData, ChartData

def page1():
    slide = slides[0]
    shape1 = slide.shapes[0]
    tf = shape1.text_frame
    tf.paragraphs[0].runs[0].text = '这是测试报表'
    shape2 = slide.shapes[1]
    tf = shape2.text_frame
    tf.paragraphs[0].runs[1].text = '2020-8-8'

def page2():
    slide = slides[1]
    # 设置净值
    slide.shapes[2].text_frame.paragraphs[0].runs[0].text = "95678.99"
    # 设置描述
    slide.shapes[6].text_frame.paragraphs[0].runs[0].text = "新的描述如下..."
```

```
ppt = Presentation('客户报表.pptx')
slides = ppt.slides
page1()
page2()
ppt.save('张三.pptx')
```

运行程序，结果如图 7.10 所示。

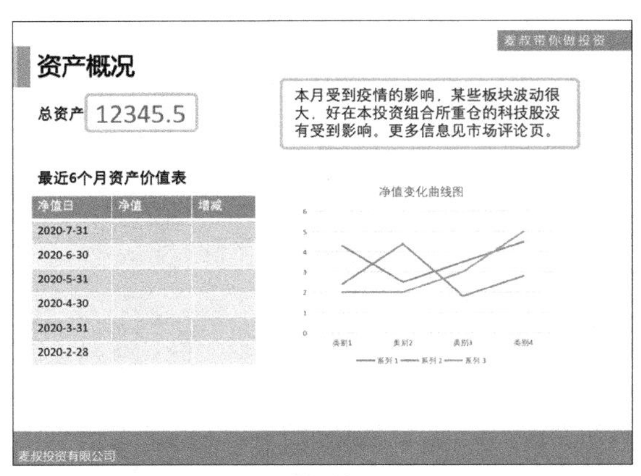

图 7.10

4 替换资产价值表

替换表格比替换文本要复杂。我们首先要让程序知道哪个是表格。为此，先打印所有的 shape，以此判定它们是什么。

- has_text_frame：是否是文本框。
- has_tabe：是否有表格。
- has_chart: 是否有图表。

找到对应的表格，然后通过 table() 获取表格。剩下的就很简单了。 如果一个页面上有多个表格，你也可以尝试加点数据进去，试探哪个是表格。

```
def page2():
    slide = slides[1]
    #设置净值
    slide.shapes[2].text_frame.paragraphs[0].runs[0].text = "95678.99"
    #设置描述
    slide.shapes[6].text_frame.paragraphs[0].runs[0].text = "新的描述如下..."
    #替换表格
    table = slide.shapes[3].table
    for i in range(1, 7):
        table.cell(i, 0).text = '2020-4-30'
        table.cell(i, 1).text = '3456.88'
        table.cell(i, 2).text = '456.88'
```

运行程序，结果如图 7.11 所示。

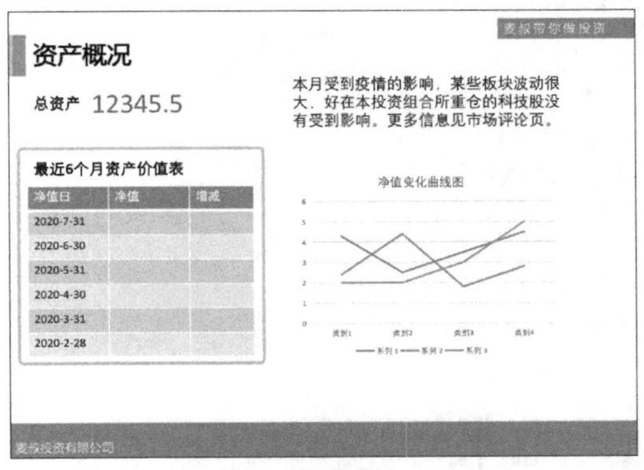

图 7.11

5 生成折线图

生成图表的方式又不一样了，我们可以先去官方文档中找一下参考代码，但是官方文档给的参考都是关于新建折线图的。在这里我们不需要新建，只是替换数据。这时候，我们可以去看一下 chart 包含的那些方法，其中有个方法叫作 replace_data()，看起来很像我们要找的东西，就是它了！

```
def page2():
    slide = slides[1]
    # 设置净值
    slide.shapes[2].text_frame.paragraphs[0].runs[0].text = "95678.99"
    # 设置描述
    slide.shapes[6].text_frame.paragraphs[0].runs[0].text = "新的描述如下..."
    table = slide.shapes[3].table
    for i in range(1, 7):
        table.cell(i, 0).text = '2020-4-28'
        table.cell(i, 1).text = '3456.88'
        table.cell(i, 2).text = '456.88'

    # 添加折线图
    chart = slide.shapes[5].chart
    chart_data = ChartData()
    chart_data.categories = ['West', 'East', 'North', 'South', 'Other']
    chart_data.add_series('Series 1', (0.135, 0.324, 0.180, 0.235, 0.126))
    chart.replace_data(chart_data)
```

运行程序，结果如图 7.12 所示。

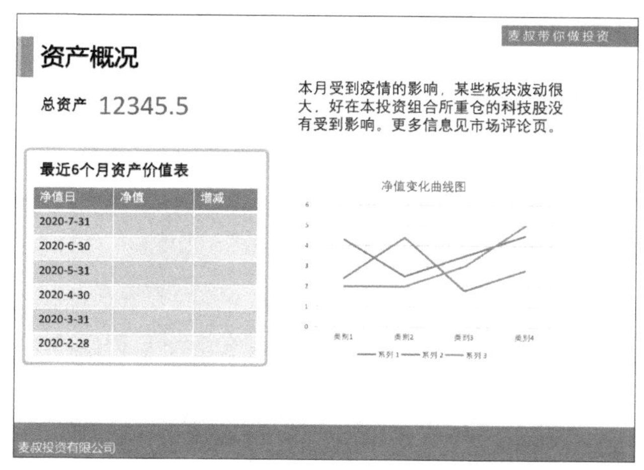

图 7.12

6 更多数据表的呈现

替换表格的方法与替换文本类似：

```
def page3():
    slide = slides[2]
    table = slide.shapes[1].table
    for i in range(1, 11):
        table.cell(i, 0).text = 'BABA'
        table.cell(i, 1).text = '3456.88'
        table.cell(i, 2).text = '456.88'
```

使用同样的方法，生成资产类别配置表：

```
def page3():
    slide = slides[2]
    #重仓股
    table = slide.shapes[1].table
    for i in range(1, 11):
        table.cell(i, 0).text = 'BABA'
        table.cell(i, 1).text = '3456.88'
        table.cell(i, 2).text = '456.88'
    #资产类别
    table = slide.shapes[4].table
    for i in range(1, 5):
        table.cell(i, 0).text = '股票'
        table.cell(i, 1).text = '20'
```

有了之前生成折线图的经验，生成饼图也就不难了：

```
def page3():
    slide = slides[2]
```

```
    # 重仓股
    table = slide.shapes[1].table
    for i in range(1, 11):
        table.cell(i, 0).text = 'BABA'
        table.cell(i, 1).text = '3456.88'
        table.cell(i, 2).text = '456.88'
    # 资产类别
    table = slide.shapes[4].table
    for i in range(1, 5):
        table.cell(i, 0).text = '股票'
        table.cell(i, 1).text = '20'
    # 资产饼图
    chart = slide.shapes[5].chart
    chart_data = ChartData()
    chart_data.categories = ['权益类', '债券类', '货币类', '其他']
    chart_data.add_series('Series 1', (0.261, 0.324, 0.180, 0.235))
    chart.replace_data(chart_data)
```

最后一页 PPT 比较简单，就是添加文本，但是里面可能会有换行段落等问题要处理。如果格式复杂，操作也可以放在多个 shape 里面进行：

```
def page4():
    text = '''
    这是第一段

    这是第二段
    '''
    slide = slides[3]
    shape = slide.shapes[1]
    tf = shape.text_frame
    tf.text = text
```

一系列操作后，我们终于实现了 PPT 的全部页面（图 7.13）。

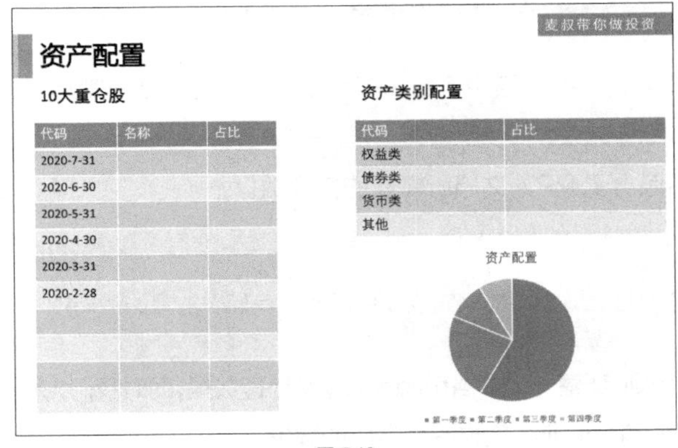

图 7.13

7.6　从 Excel 表格加载和封装数据

本节内容会比前文介绍的读取 Excel 表格数据更加复杂。在本节中，我们将实现动态地从 Excel 表格中读取数据，并为调用 PPT 模块生成客户报表做好准备。

正式开始前，我们先下载本节要用到的两个数据文档：data.xlsx和 data1.xlsx。

1 设计数据模型

打开 Excel 表格，我们先来梳理一下其中有哪几部分数据，然后思考如何在代码中表示这些数据（图 7.14）。

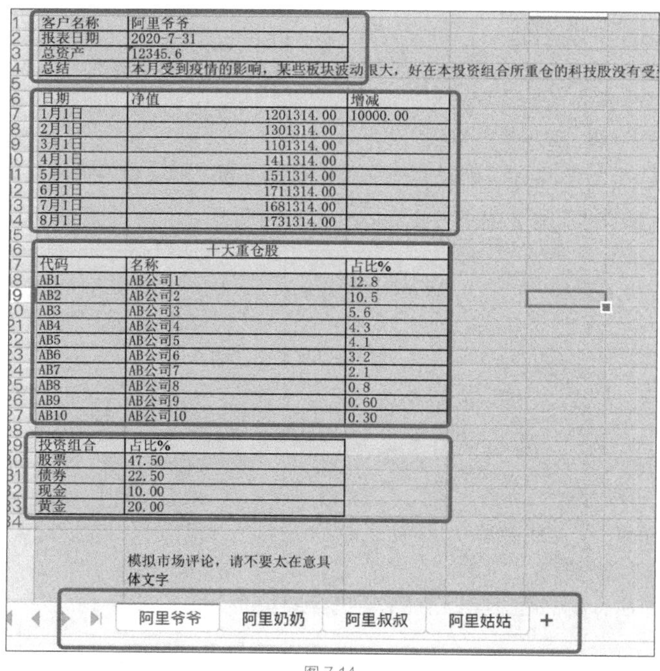

客户名称	阿里爷爷
报表日期	2020-7-31
总资产	12345.6
总结	本月受到疫情的影响，某些板块波动很大，好在本投资组合所重仓的科技股没有受

日期	净值	增减
1月1日	1201314.00	10000.00
2月1日	1301314.00	
3月1日	1101314.00	
4月1日	1411314.00	
5月1日	1511314.00	
6月1日	1711314.00	
7月1日	1681314.00	
8月1日	1731314.00	

十大重仓股		
代码	名称	占比%
AB1	AB公司1	12.8
AB2	AB公司2	10.5
AB3	AB公司3	5.6
AB4	AB公司4	4.3
AB5	AB公司5	4.1
AB6	AB公司6	3.2
AB7	AB公司7	2.1
AB8	AB公司8	0.8
AB9	AB公司9	0.60
AB10	AB公司10	0.30

投资组合	占比%
股票	47.50
债券	22.50
现金	10.00
黄金	20.00

模拟市场评论，请不要太在意具体文字

阿里爷爷　阿里奶奶　阿里叔叔　阿里姑姑　+

图 7.14

可以看到，这个 Excel 表格中包含了多个工作表，每个工作表代表一个客户，如阿里爷爷、阿里奶奶等。

每个工作表中包含了 PPT 文档所需要的各项数据。

> **TIPS**
>
> 单一职责原则，是让一个文档只完成一件任务。我们之前写的代码就是用来生成报表的。

根据单一职责原则，新建一个文档mydata.py来处理数据，同时我们先要想清楚数据的结构。

- 用一个列表 client_list 存放多个客户的数据。

- 每个客户的数据用一个字典表示，里面包含了各项数据。

```
client_list = []

# 每个客户的数据结构
# client = {
#     'name':'TBD',
#     'date':'TBD',
#     'total':'0.00',
#     'summary':'TBD',
#     'nav':[()],
#     'holdings':[()],
#     'alloc':[()],
#     'comment':''
# }
```

> **TIPS**
> 这种结构很像网络上的一种数据结构 JSON，建议大家将其作为补充知识自行学习了解。

2 加载基本的数据

确定好数据结构，再结合前面学习的 OpenPyXL 知识，剩下的工作也比较简单：

```
import openpyxl
print('正在使用加载数据模块...')

client_list = []

# 下面是客户数据的结构
# client = {
#     'name':'TBD',
#     'date':'TBD',
#     'total':'TBD',
#     'summary':'TBD',
#     'nav':[],
#     'holdings':[],
#     'alloc':[],
#     'comment':'TBD'
# }

def load_data(filename):
    excel = openpyxl.load_workbook(filename)
    for ws in excel:
        client = {}
        client['name'] = client_name(ws)
```

```
        client['date'] = report_date(ws)

        # 实现了下面3个方法后，记得反注释下面的代码
        #client['navs'] = client_navs(ws)
        #client['holdings'] = client_holdings(ws)
        #client['alloc'] = client_alloc(ws)
        #client['total'] = total(ws)
        #client['summary'] = summary(ws)
        #client['comment'] = comment(ws)
        client_list.append(client)

def client_name(ws):
    return ws['B1'].value

def report_date(ws):
    return ws['B2'].value

load_data('data.xlsx')
print(client_list)
```

3 加载资产净值

```
def client_navs(ws):
    navs = []
    for row in ws.iter_rows(min_row=7, max_row=14):
        date = row[0].value
        value = row[1].value
        change = row[2].value
        if len(navs) > 0:
            change = value - navs[-1][1]
        navs.append((date, value, change))
    return navs
```

千万记得要反注释 load_data 中的代码 client['navs'] = client_navs(ws)，这样才会调用这个函数。

4 加载重仓股

```
def client_holdings(ws):
    holdings = []
    start_row = 0
    for index, row in enumerate(ws.rows):
        if row[0].value == '十大重仓股':
            start_row = index + 3
            break
```

```
    print(f'holdings的开始行是第{start_row}行')
    for row in ws.iter_rows(min_row = start_row):
        code = row[0].value
        if code == None or code.strip == '':
            break
        holdings.append((code, row[1].value, row[2].value))

    return holdings
```

同样，记得反注释 load_data 中的代码 client['navs'] = client_holdings(ws)。

5 加载资产配置

```
def client_alloc(ws):
    start_index = 0
    for index, row in enumerate(ws.rows):
        if row[0].value == '投资组合':
            start_index = index + 2
            break
    alloc = []
    for row in ws.iter_rows(min_row=start_index):
        if row[0].value == None or row[0].value.strip == '':
            break
        alloc.append((row[0].value, row[1].value))
    return alloc
```

同上，反注释 load_data 中的代码 client['navs'] = client_alloc(ws)。

6 加载其他信息

```
def total(ws):
    return ws['B3'].value

def summary(ws):
    return ws['B4'].value

def comment(ws):
    for index, row in enumerate(ws.rows):
        if row[0].value == '市场评论':
            return row[1].value
```

同上，反注释 load_data 中的相关代码。

7 练习

在加载数据的时候，验证 B3 和资产净值表的最下面一个月份的净值数据是否相同，如果不相同则马上停止执行整个程序，并打印出具体的错误原因。

- 发现数据错误：客户 XXX 的资产净值不一致。
- 总净值：12345.6。
- 净值表中的最新净值：12347.8。

继续改进上面的题目，当出现错误的时候，只是打印出错误，然后继续处理下一个客户的数据。

7.7　应用 Excel 表格数据生成报表 PPT

我们在上一节实现了数据的加载，这一节将利用 Excel 表格中的数据给每位客户生成一份报表。

1 完善 mydata.py

我们要用 import 命令引入前面的 mydata.py。引入之前先完善一下 mydata.py 的代码：

```
if __name__ == '__main__':
    load('data.xlsx')
    print(client_list)
```

经过修改，单独运行 mydata.py 会执行加载操作，方便测试。另外，引入的时候不会自动加载，我们在主文档中用代码调用 load()。

2 重构代码，支持生成多个文档

为了可以生成多个 PPT 文档，我们需要重构 myppt.py：

```
from pptx import Presentation
from pptx.chart.data import CategoryChartData, ChartData

def page1(slide):
    print('processing page1')
    shape1 = slide.shapes[0]
    shape2 = slide.shapes[1]
    p1 = shape1.text_frame.paragraphs[0]
    p1.runs[0].text = '李四的投资组织报表'
    shape2.text_frame.paragraphs[0].runs[1].text = '2020-12-31'

def page2(slide):
    total = slide.shapes[2]
    summary = slide.shapes[6]
    total.text_frame.paragraphs[0].runs[0].text = '888888.88'
```

```
    summary.text_frame.paragraphs[0].runs[0].text = '测试总结，测试总结，测试总结'

    # 资产净值表格
    table = slide.shapes[3].table
    for i in range(1, 7):
        table.cell(i, 0).text = '2020-8-31'
        table.cell(i, 1).text = '9999999'
        table.cell(i, 2).text = '6789'

    # 资产净值的折线图
    chart = slide.shapes[5].chart
    # 准备数据
    chart_data = ChartData()
    chart_data.categories = ['1月', '2月', '3月', '4月', '5月', '6月']
    chart_data.add_series('净值',    (32.2, 28.4, 34.7, 34.7, 36.7, 38.7))
    chart.replace_data(chart_data)

def page3(slide):
    table = slide.shapes[1].table
    for i in range(1, 11):
        table.cell(i, 0).text = 'BABA'
        table.cell(i, 1).text = '3456.88'
        table.cell(i, 2).text = '8'

    # 资产类别表格
    table = slide.shapes[4].table
    for i in range(1, 5):
        table.cell(i, 0).text = '股票'
        table.cell(i, 1).text = '20'

    # 资产类别饼图
    chart = slide.shapes[5].chart
    chart_data = ChartData()
    chart_data.categories = ['权益类', '债券类', '货币类', '其他']
    chart_data.add_series('Series 1', (0.261, 0.324, 0.180, 0.235))
    chart.replace_data(chart_data)

def page4(slide):
    text = '''
    这是第一段

    这是第二段
```

```
    第三段
    '''
    shape = slide.shapes[1]
    tf = shape.text_frame
    tf.text = text

def one_ppt():
    ppt = Presentation('报表模板.pptx')
    slides = ppt.slides
    page1(slides[0])
    page2(slides[1])
    page3(slides[2])
    page4(slides[3])
    ppt.save('李四.pptx')

one_ppt()
```

添加的 one_ppt() 用来生成一个 PPT 文档。如果有多个客户，就多次调用这个函数。

3 应用数据

重构完成后，我们调用数据模块，实现第一页（page1）的数据加载：

```
def page1(slide, title, date):
    print('processing page1')
    shape1 = slide.shapes[0]
    shape2 = slide.shapes[1]
    p1 = shape1.text_frame.paragraphs[0]
    p1.runs[0].text = title
    shape2.text_frame.paragraphs[0].runs[1].text = date

# --此处省略部分代码---

def one_ppt(client):
    ppt = Presentation('报表模板.pptx')
    slides = ppt.slides
    title = f"{client['name']}的投资报表"
    date = client['date']
    page1(slides[0], title, date)
    page2(slides[1])
    page3(slides[2])
    page4(slides[3])
    ppt.save(f'{title}.pptx')
```

```
import mydata
mydata.load('data.xlsx')
for client in mydata.client_list:
    one_ppt(client)
```

在这一部分，我们实现了：在程序底部调用 mydata.load() 加载数据；循环遍历所有的 client 数据，调用 one_ppt()；修改了 one_ppt()，接收客户数据；修改了 page1()，接收第一页需要的数据。

接下来的第二页（page2）要用到 3 项数据，我们需要传入相关的信息给 page2():

```
def page2(slide, total_text, summary_text, navs):
    total = slide.shapes[2]
    summary = slide.shapes[6]
    total.text_frame.paragraphs[0].runs[0].text = total_text
    summary.text_frame.paragraphs[0].runs[0].text = summary_text

    # 资产净值表格
    navs.reverse()
    table = slide.shapes[3].table
    for i in range(1, 7):
        nav = navs[i-1]
        table.cell(i, 0).text = nav[0]
        table.cell(i, 1).text = str(nav[1])
        table.cell(i, 2).text = str(nav[2])

    # 资产净值的折线图
    chart = slide.shapes[5].chart
    # 准备数据
    chart_data = ChartData()
    categories = []
    series = []
    navs2 = navs[:6]
    navs2.reverse()
    for nav in navs2:
        categories.append(nav[0])
        series.append(nav[1])
    chart_data.categories = categories # 标题
    chart_data.add_series('净值', series)
    chart.replace_data(chart_data)
```

同理，继续传入第三页所需要的数据给 page3():

```
def page3(slide, holdings, alloc):
    table = slide.shapes[1].table
    for i in range(1, 11):
```

```
        hld = holdings[i-1]
        table.cell(i, 0).text = hld[0]
        table.cell(i, 1).text = hld[1]
        table.cell(i, 2).text = str(hld[2])

    # 资产类别表格
    table = slide.shapes[4].table
    for i in range(1, 5):
        alc = alloc[i-1]
        table.cell(i, 0).text = alc[0]
        table.cell(i, 1).text = str(alc[1])

    # 资产类别饼图
    chart = slide.shapes[5].chart
    chart_data = ChartData()
    categories = []
    series = []
    for alc in alloc:
        categories.append(alc[0])
        series.append(alc[1])

    chart_data.categories = categories
    chart_data.add_series('Series 1', series)
    chart.replace_data(chart_data)
```

第四页（page4）的数据比较简单：

```
def page4(slide, comment):
    shape = slide.shapes[1]
    tf = shape.text_frame
    tf.text = comment

def one_ppt(client):
    ppt = Presentation('报表模板2.pptx')
    slides = ppt.slides

    client_name = client['name']
    report_date = client['date']
    page1(slides[0], client_name, report_date)

    total = client['total']
    summary = client['summary']
    navs = client['navs']
    page2(slides[1], total, summary, navs)
```

```
    holdings = client['holdings']
    alloc = client['alloc']
    page3(slides[2], holdings, alloc)

    comment = client['comment']
    page4(slides[3], comment)
    ppt.save(f'{client_name}.pptx')
```

这样我们就完成了整个程序，大功告成！运行 myppt.py(代码中使用 data.xlsx)，就可以生成多份报表——阿里爷爷、阿里奶奶、阿里叔叔和阿里姑姑。

自己修改一下 Excel 表格中的数据，再次运行程序，可以看到程序会根据 Excel 表格中的数据动态生成多份 PPT。

4 练习

假设数据文档中第 7 到第 14 行的资产净值的行数不一定，在这种情况下，如何正确读取资产净值信息？

另外，在第二页的折线图上，使用净值的第三项数据（增减），试着再画一条折线。

7.8 小结

PowerPoint 和 Word 都是出自微软公司的软件，所以它们在各个层面上有一定的相通之处，比如都有 run 的概念。

本章前 4 节注重介绍使用 Python 操作 PPT 的核心概念、基本方法和操作技巧。

从 7.5 节开始，我们介绍了一个非常实用的综合案例。这个案例综合使用了前面的知识，比如从 Excel 表格中读取数据，自动根据 PPT 模板生成漂亮的 PPT 文档，其中还包括了多种图标。

如果你能熟练掌握书中的案例，便可以将这个方法应用在实际工作中，帮你自动生成 PPT，大大提高工作效率，让同事和领导刮目相看。

第8章

编写 Python 爬虫程序，自动抓取网上数据

获取本章代码和相关资料：关注公众号麦叔编程，回复 book2。

职场人士以前、现在或者将来很可能会遇到下面这些情景。

- 去数十个网站上采集相关资讯。
- 下载当天或者历史上的股票信息。
- 在电商平台上创建很多商品，或者在管理网站上提交很多申请等。

这些工作十分重要，但是很烦琐，就是要在网站上不停地重复做各种操作，也容易出错。

"爬虫"是一种模拟浏览器访问网页的程序，它模拟真实用户使用浏览器访问网页，然后解析网页上有用的数据，比如商品名称、价格等，最后把有用的数据保存到文件或者数据库中。

8.1 网络爬虫让数据收集变简单

1 网络爬虫的原理

网络爬虫能够模拟真实用户使用浏览器访问网页，所以要理解它，我们就要了解浏览器访问网页的原理。

从我们在浏览器的地址栏中敲入百度的网址然后按下 Enter 键，到我们看到百度首页之间，发生了几件事情。

① 浏览器使用 HTTP 向百度服务器发送了一个请求。

② 百度服务器返回一个 HTML 格式的网页。

③ 浏览器把 HTML 格式的网页展示成我们看到的样子。

浏览器发出的请求是下面这样一段文字，这就是一个简单的 HTTP 请求（图 8.1）。

```
GET / HTTP/1.1
Host: www.baidu.com
Connection: keep-alive
Cache-Control: max-age=0
sec-ch-ua: "Google Chrome";v="87", " Not;A Brand";v="99", "Chromium";v="87"
sec-ch-ua-mobile: ?0
Upgrade-Insecure-Requests: 1
User-Agent: Mozilla/5.0 (Macintosh; Intel Mac OS X 10_15_7) AppleWebKit/537.36 (KHTML, like Gecko) Chrome/87.0.4280.88 Safari/537.36
Accept: text/html,application/xhtml+xml,application/xml;q=0.9,image/avif,image/webp,image/apng,*/*;q=0.8,application/signed-exchange;v=b3;q=0.9
```

图 8.1

服务器返回的是一个 HTML 格式的网页（图 8.2）。

```
<html><head><meta http-equiv="Content-Type" content="text/html;charset=utf-8"><meta http-equiv="X-UA-Compatible" content="IE=edge,chrome=1"><meta conten
<script data-compress=strip>
    function h(obj){
        obj.style.behavior='url(#default#homepage)';
        var a = obj.setHomePage('//www.baidu.com/');
    }
</script>
<script>
    _manCard = {
        asynJs : [],
        asynLoad : function(id){
            _manCard.asynJs.push(id);
        }
    };
    window._sp_async = 1;

</script>
noscript><meta http-equiv="refresh" content="0; url=http://www.baidu.com/baidu.html?from=noscript" /></noscript></head><body class="">

<script>
if (navigator.userAgent.indexOf('Edge') > -1) {
    var body = document.querySelector('body');
    body.className += ' browser-edge';
}
```

图 8.2

浏览器会解析和处理这段 HTML 代码，并把它转换成我们看见的网页（图 8.3）。

图 8.3

爬虫程序会模拟浏览器，给服务器发送请求，获取 HTML 代码，然后从中解析出需要的信息（图 8.4），这就是网络爬虫运行的基本原理。

图 8.4

2 爬虫虽好用，但也有风险

用户学会了编写 Python 爬虫程序后，可以利用它自动抓取网页上的数据，极大地提高了工作效率，但不是所有的网页都允许被爬虫抓取。有的程序员因为非法抓取某些网站而陷入了官司，甚至要坐牢。所以我们必须了解哪些内容可以抓取，哪些内容不能抓取。

我们可以通过 robots.txt 了解哪些内容可以抓取，这是一个爬虫界的约定。网站会在根目录下放置 robots.txt。以百度为例，访问 www.baidu.com/robots.txt 就可以看到如下代码：

```
User-agent: Baiduspider
Disallow: /baidu
Disallow: /s?
Disallow: /ulink?
Disallow: /link?
Disallow: /home/news/data/
Disallow: /bh

User-agent: Googlebot
Disallow: /baidu
Disallow: /s?
Disallow: /shifen/
Disallow: /homepage/
Disallow: /cpro
Disallow: /ulink?
Disallow: /link?
Disallow: /home/news/data/
Disallow: /bh
```

又比如我们可以通过 bilibili.com/robots.txt 看到哔哩哔哩网站的 robots.txt:

```
User-agent: *
Disallow: /include/
Disallow: /mylist/
Disallow: /member/
Disallow: /images/
Disallow: /ass/
Disallow: /getapi
Disallow: /search
Disallow: /account
Disallow: /badlist.html
Disallow: /m/
```

Disallow 就是不允许的意思，Disallow 后面跟的就是不允许抓取的 URL。凡是没列在上面的网页，我们都可以抓取。

8.2 抓取文章列表

很多时候，我们会遇到类似抓取文章列表和摘要的工作任务，因此这一节以麦叔的博客（https://blog.qingke.me/channel/4）作为目标，介绍习如何抓取文章列表（图 8.5）。

图 8.5

这是我的博客网页，当你看这本书的时候，网页的内容可能有所改变，但我会保持网页结构不变，所以你在本节中所学的方法都可以使用。

1 抓取网页内容

```
# requests可以发送网络请求
import requests
# 要抓取的网址
url = 'https://blog.qingke.me/channel/4'
# 使用requests.get()抓取网页，参数是网址，返回值是response对象
response = requests.get(url)
# response对象有好几个属性，status_code表示请求的状态，200表示成功
print(response.status_code)
# 网页的具体内容在text属性中
print(response.text)
```

requests 是 Python 自带的网络模块，通过调用它的 get() 可以抓取指定 URL 内容。

requests 的 get() 会返回一个 response 对象，这个对象包含了网页的内容（text）和请求状态 (status_code) 等。

运行上面的代码，会打印出状态 200（表示请求成功）以及网页的内容（图 8.6）。

图 8.6

2 简单的 HTML 代码

为了从 HTML 代码中解析出我们想要的内容（文章标题和摘要），我们需要知道什么是 HTML 代码。

图 8.7 中左边是 HTML 代码，右边是浏览器显示出来的样子。

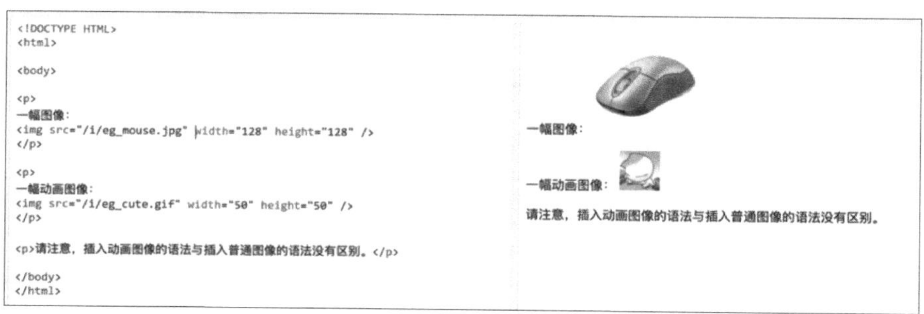

图 8.7

HTML 代码是由一对对由尖括号包起来的标签组成的，比如 <body> 和 </body> 之间的就是网页内容，<p> 和 </p> 之间就是一个段落，而 <img> 表示图像。

标签里面还可以包含标签，如 <body> 和 </body> 之间可以包含多个段落，而有的段落中又包含了图片。

标签可以有多个属性，比如 <img> 中有 scr、width、height 属性，用来指定图片地址、显示高度和宽度。

```
<img src="/i/eg_cute.gif" width="50" height="50" />
```

我们在解析网页的过程中，需要利用这些标签和属性，找出我们想要的内容。比如我们可以通过 <img> 标签找到所有的图片。

3 浏览器检查器

要解析数据，就要先分析 HTML 页面结构。浏览器提供了很方便的查看网页结构的功能——检查器。本书以谷歌浏览器为例，因为它是一款使用广泛、功能强大的浏览器。

打开谷歌浏览器并输入网址: https://blog.qingke.me/channel/4，然后在网页上右击，在弹出的快捷菜单中选择【检查】，就可以打开下面的【检查器】窗口（图 8.8）。

注意，不同的浏览器版本，也许菜单名字会略有差别，稍微摸索一下，你应该很容易打开检查器。

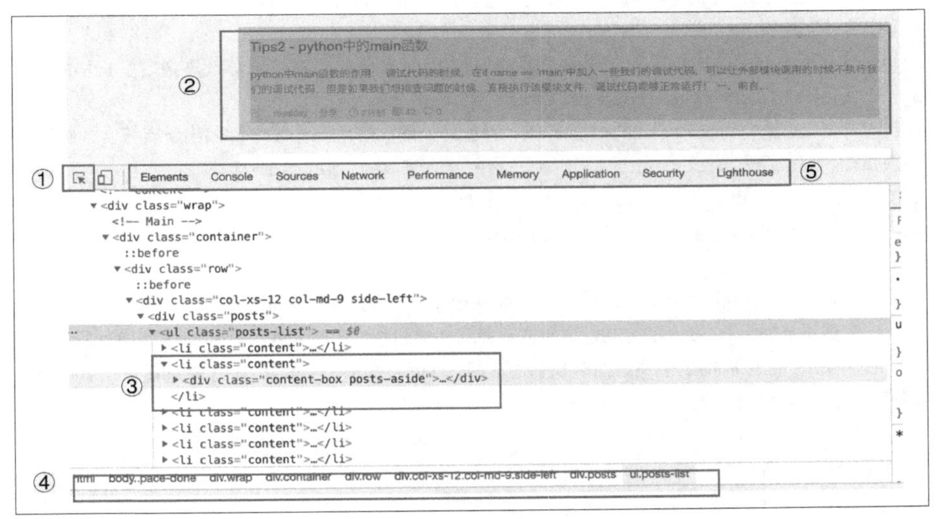

图 8.8

下面分别说明图中标记的各个关键点。

① 单击左上角的按钮进入检查模式。

② 把鼠标移动到网页上想要移动的内容处。

③ 检查器会自动显示相关的网页代码。

④ 底部会显示网页所在标签的层级结构和属性。

检查器除了可以用来查看网页结构，还可以看网页源码、网络请求等。

请马上实践和体验一下这些功能。在写爬虫程序的过程中，一大部分工作就是使用这些工具分析网页结构。

经过分析可以发现：文章都在 <li> 标签中，且有一个属性 class 的值是 content，这个下一节会用到。

```
<li class="content">
```

4 抓取数据

现在我们来完善前面的 Python 代码，从 HTML 代码中抓取文章数据。解析 HTML 代码有很多种方式，常用的有使用正则表达式、使用 BeautifulSoup 等。我们这里使用 BeautifulSoup，因为它更加直观。

首先，安装 BeautifulSoup：python -m pip install bs4：

```
# requests可以发送网络请求
import requests
from bs4 import BeautifulSoup
# 要抓取的网址
url = 'https://blog.qingke.me/channel/4'
# 使用requests.get()抓取网页，参数是网址，返回值是response对象
response = requests.get(url)
# 创建BeautifulSoup对象：第一个参数是要解析的HTML代码，第二个参数是指定解析格式
soup = BeautifulSoup(response.text, 'html.parser')
# 找到所有class属性为content的<li>标签，并循环处理。使用find_all()找出所有符合条件的标签
# 必须指定class属性为content，否则会找出HTML代码中其他的<li>标签
for li in soup.find_all('li', {"class": "content"}):
    # 在<li>中找到<a>标签，读取它的文本
    title = li.a.get_text()
    # 在<li>中找到所有class属性为item-text的<div>标签，获得它的文本
    # 这里不能使用li.div的方式，这种方式会默认找到第一个<div>，而当前<li>中有多个<div>
     # 用find()可以指定条件，精确找到对应的<div>。find()和find_all()的区别是，find()只
返回第一个符合条件的标签
    intro = li.find('div', {"class": "item-text"}).get_text()
    print(title)
    print(intro)
```

上述代码中有非常详细的注释，请仔细阅读，理解 find()、find_all() 以及 li.a() 解析方法的区别。

5 保存数据

现在我们把抓取到的数据保存到一个文件中：

```
# --省略--
with open('blog.txt', 'w') as file:
```

```
    for li in soup.find_all('li', {"class": "content"}):
        title = li.a.get_text()
        intro = li.find('div', {"class": "item-text"}).get_text()
        file.write(f'{title}\n{intro}\n')
        file.write('=================\n')
```

使用“w”（写）模式创建或打开文件 blog.txt，如果文件已经存在，内容将被覆盖。把文章标题和介绍写入文件，通过添加换行符 (\n) 和等号来分割不同的文章。

6 自动抓取下一页

爬虫程序的魅力在于它会自动抓取更多的页面，现在让我们来让爬虫自动抓取下一页。首先分析页面的结构（图 8.9）。

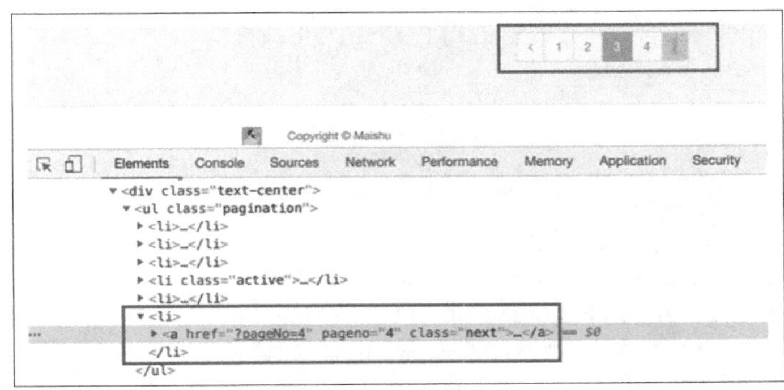

图 8.9

在页面的下方可以看到页码导航条，导航条的最后有个向右的箭头，这个箭头里包含了下一页的地址。

选中箭头后，可以在检查器中看到它的代码结构：它是一个 <a> 标签，它的 class 属性是 next。我们可以利用这个特点找到它。

它的另外一个属性是 href，这个属性的值就是下一页的地址：

```
?pageNo=4
```

这不是一个完整的地址，但我们可以拼接出完整的地址：

```
https://blog.qingke.me/channel/4?pageNo=4
```

分析好了结构就可以写代码了。我们重构了前面的代码，把抓取一个页面的代码放到了一个函数中，这样可以重复利用它抓取多个页面：

```
import requests
from bs4 import BeautifulSoup
start_url = 'https://blog.qingke.me/channel/4'

def craw_one_page(url, file):
    '''抓取参数指定的网址，把数据保存在参数指定的文件中
```

```
        并返回下一页的URL，如果没有下一页，就返回None'''
    response = requests.get(url)
    soup = BeautifulSoup(response.text, 'html.parser')
    for li in soup.find_all('li', {"class": "content"}):
        title = li.a.get_text()
        intro = li.find('div', {"class": "item-text"}).get_text()
        file.write(f'{title}\n{intro}\n')
        file.write('==================\n')
    # 抓取下一页URL并返回，默认设置下一页地址为None，表示没有下一页
    next_url = None
    # 查找下一页的<a>标签
    next_a = soup.find('a', {'class':'next'})
    # 如果到了最后一页，下一页<a>标签是不存在的，所以要判断一下，否则会抛出异常
    if next_a:
        next_url = f'{start_url}{next_a["href"]}'
    return next_url


with open('blog.txt', 'w') as file:
    next_url = start_url
    # 循环抓取，直到下一页地址为None
    while(next_url):
        print(f'开始抓取：{next_url}')
        next_url = craw_one_page(next_url, file)
    print('没有下一页了，爬虫程序结束')
```

仔细阅读上述代码中的注释，结合前面学习的函数知识和文件处理知识，应该很容易看懂。新的知识点在于如何使用 BeautifulSoup 去解析 HTML 代码中的内容。

运行上面的程序，就可以把指定网页中所有文章的标题和描述抓取到 blog.txt 中。程序的运行过程如下：

```
开始抓取：https://blog.qingke.me/channel/4
开始抓取：https://blog.qingke.me/channel/4?pageNo=2
开始抓取：https://blog.qingke.me/channel/4?pageNo=3
开始抓取：https://blog.qingke.me/channel/4?pageNo=4
没有下一页了，爬虫程序结束
```

8.3　抓取 JavaScript 网页

我知道很多职场人士都喜欢通过看书补充自己的知识，但是网站上的书那么多，一本一本地找太慢了，怎么才能迅速找到所有自己需要的图书呢？这一节我们将以人民邮电出版社的图书网站 https://www.epubit.com/books 为例，利用爬虫程序把网站上所有我们

需要的图书抓取出来（图 8.10）。

图 8.10

1 观察与思考

首先新建一个 Python 文件，写入如下代码：

```
import requests
url = 'https://www.epubit.com/books'
res = requests.get(url)
print(res.text)
```

运行程序，结果如图 8.11 所示。

图 8.11

这里面（图 8.11）根本没有图书的信息，但使用浏览器检查器可以看到图书的信息（图 8.12）。

原来，我们碰到了一个基于前后端分离的网站，或者说它是一个用 JavaScript 获取数据的网站。这种网站的数据交互流程是这样的。

① 初次请求只返回网页的基本框 架，并没有数据。

② 但网页的基本框架中包含 JavaScript 代码，这段代码会再发起一次或者多次获取数据的请求。我们称它为后续请求。

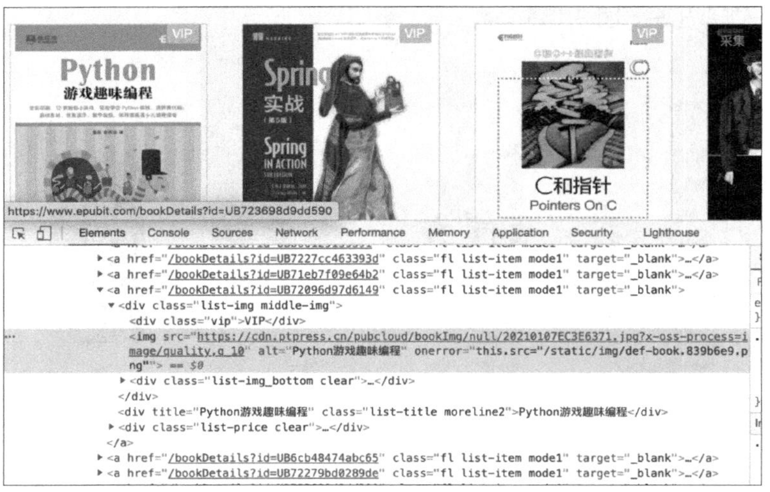

图 8.12

要想抓取这类网站中的数据，可以使用两种方法：一种方法是分析出后续请求的地址和参数，写代码发起同样的后续请求；另一种方法是使用模拟浏览器技术，比如 selenium，这种技术可以自动发起后续请求获取数据。这是我们下一节要学习的内容。

2 分析后续请求

打开谷歌浏览器的检查器，按图 8.13 中的指示操作。

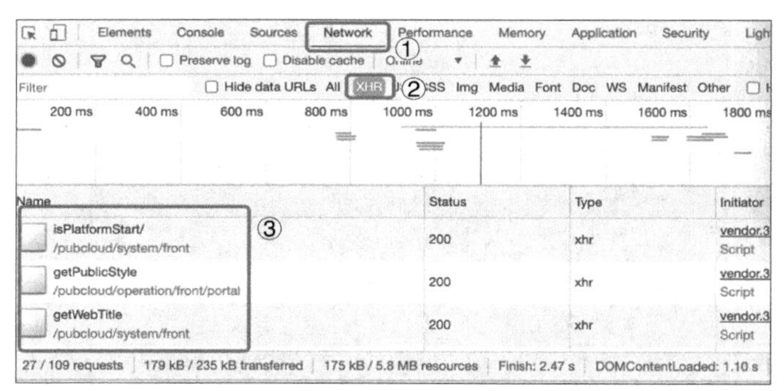

图 8.13

① 单击【Network】，查看浏览器发送的所有网络请求。

② 选择【XHR】，查看浏览器用 JavaScript 发送的请求，可以看到很多请求。

③ 一个个查看，找到包含商品列表的请求。

用户通过浏览器打开一个网页的操作，一般并不是发送一个请求就能返回所有的内容，而是包含多个步骤：第一个请求获得 HTML 代码，里面可能包含文字、数据、图片的地址、样式表地址等，但 HTML 代码中并没有直接包含图片；浏览器根据 HTML 文件中的链接，再次发送请求，读取图片、样式表、基于 JavaScript 的数据等。

所以我们看到有这么多不同类型的请求：XHR、JS、CSS、Img、Font、Doc 等。

我们要抓取的网站发送了很多 XHR 请求，分别用来请求图书列表、网页的菜单、广告信息、页脚信息等。我们要从这些请求中找出关于图书的请求，具体操作步骤如图 8.14 所示。

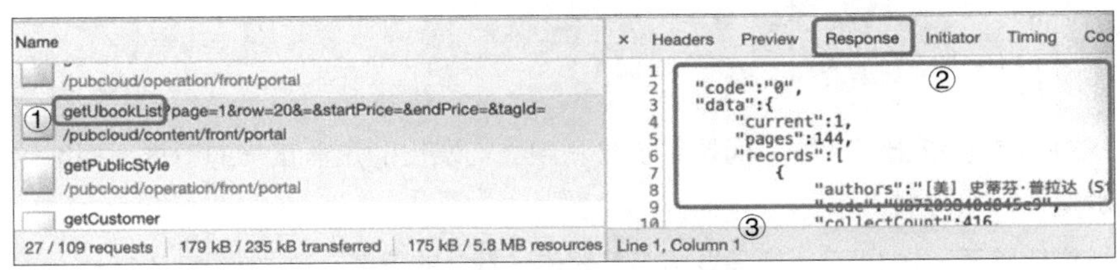

图 8.14

① 在图 8.14 左边选中请求。

② 在右边选择【Response】。

③ 在下面可以看到这个请求返回的数据，从数据可以判断其中是否包含图书信息。

JavaScript 请求返回的数据通常是 JSON 格式，这是 JavaScript 的数据格式，里面包含用冒号隔开的一对对数据，比较容易看懂。

对于这些请求，我们可以根据它们的名字做出大致的判断，提高效率。比如图 8.14 中的 getUbookList 看起来就像是获取图书列表。打开查看，果然就是图书列表。

请记住这个链接的地址和格式，后面要用到（图 8.15）。

https://www.epubit.com/pubcloud/content/front/portal/getUbookList?page=1&row=20&=&startPrice=&endPrice=&tagId=

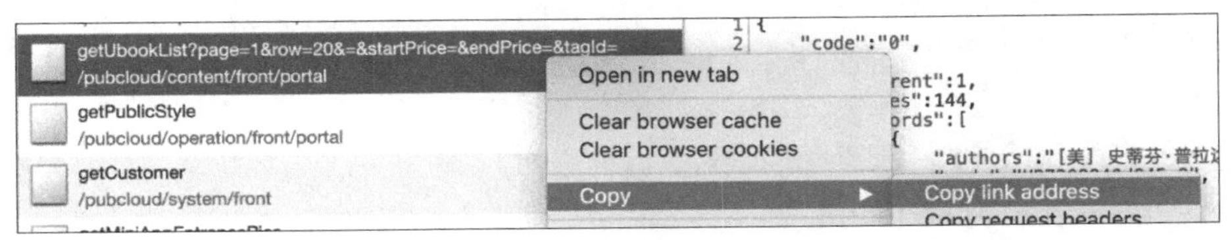

图 8.15

通过分析可以看到：

- 网址是 https://www.epubit.com/pubcloud/content/front/portal/getUbookList；
- page=1 表示第一页，我们可以依次传入 2、3、4 等；
- row=20 表示每一个网页展示 20 本书；
- startPrice 和 endPrice 表示价格条件，它们的值都是空，表示不设定价格限制。

3 使用 postman 验证猜想

为了验证这个猜想，打开谷歌浏览器，在地址栏中输入网址：

https://www.epubit.com/pubcloud/content/front/portal/getUbookList?page=1&

row=20&=&startPrice=&endPrice=&tagId=

可是得到了以下返回结果：

```
{
    "code": "-7",
    "data": null,
    "msg": "系统临时开小差，请稍后再试~",
    "success": false
}
```

这并不是系统出了问题，而是系统检测到我们发出的是非正常的请求，拒绝给我们返回数据。

这说明除了发送 URL，还需要给服务器传送额外的信息，这些信息叫作 Header，翻译成中就是请求头。

在图 8.16 中可以看到正常的请求中包含了多个请求头。

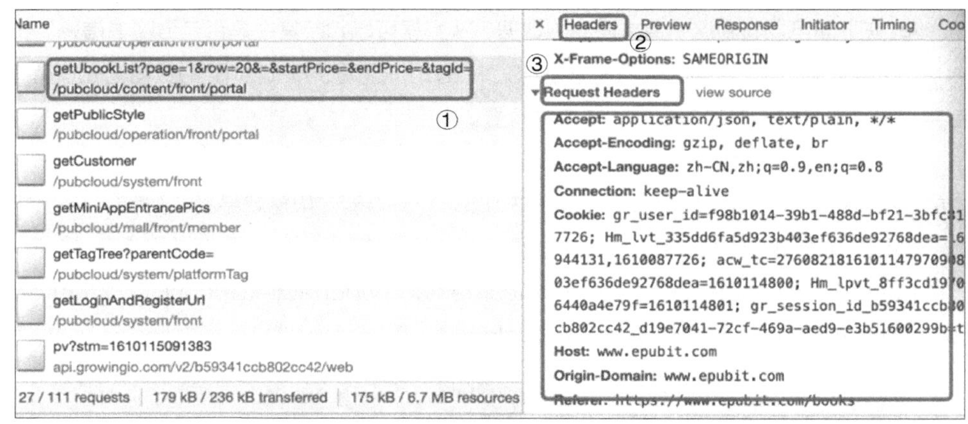

图 8.16

① 在图 8.16 中选中要查看的请求。

② 在右边选择 [Headers]。

③ 往下翻，可以看到 [Request Headers]，下面就是一项项数据。

为了让服务器正常处理请求，我们要模拟正常的请求，也添加相应的 Header。如果给的 Header 也都一样，服务器根本不可能识别出爬虫程序。

但通常服务器并不会检查所有的 Header，可能只要添加一两个关键 Header 就可以让服务器给我们返回数据了。但我们要一个个测试哪些 Header 是必要的。

在浏览器中无法添加 Header。为了发送带 Header 的 HTTP 请求，我们要使用另一个叫作 Postman 的软件，这是 API（Application Programming Interface，应用程序接口）开发者和爬虫工程师最常用的工具之一。

从 Postman 官网下载并根据指示一步步安装该软件，打开 Postman 后可以看到如下界面（图 8.17）。

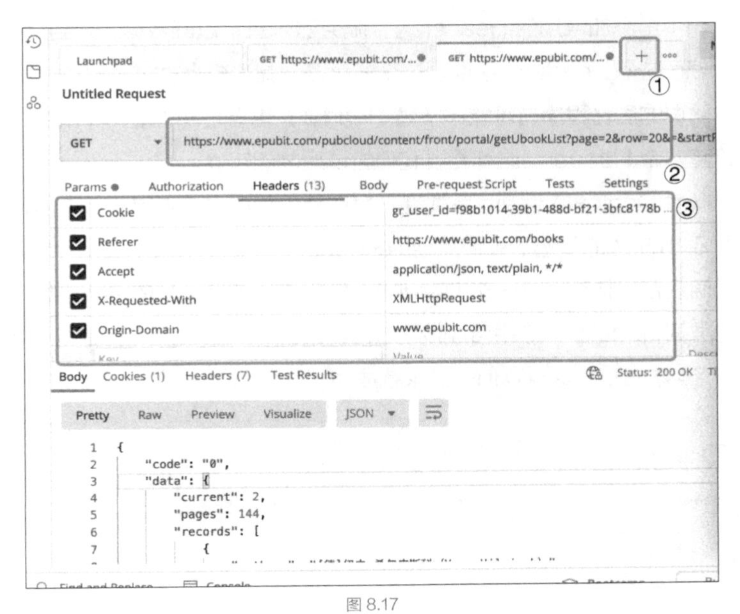

图 8.17

① 单击图 8.17 中最上面的加号，可以添加一个新的请求。

② 在中间填写请求的 URL。

③ 单击【Headers】进入设置界面，添加 Header。

这些Header的名字和值可以从检查器中复制过来。如果自己拼写，注意千万不要写错。

下面我们来了解一下几个常见的 Header。

- User-Agent: 这个 Header 表示请求者是谁，一般是一个包括详细版本信息的浏览器的名字，比如 Mozilla/5.0 (Macintosh; Intel Mac OS X 10157) AppleWebKit/537.36 (KHTML, like Gecko) Chrome/87.0.4280.88 Safari/537.36

  如果爬虫不添加这个 Header，服务器一下就能识别出这是不正常的请求，可以予以拒绝。当然，是否拒绝取决于代码逻辑。

- Cookie: 如果需要登录一个网站，用户的登录信息就保存在 Cookie 中。服务器通过这个 Header 判定用户是否登录了，登录的是谁。

  假设我们想自动在京东商城下单，可以先人工登录，复制 Cookie 的值，然后用 Python 发送请求并包含这个 Cookie，这样服务器就认为我们已经登录过了，允许我们下单或做其他操作。如果程序中加上了计时功能，指定具体下单的时间点，这就是“秒杀”程序。当需要抓取登录账户的网站时，这是一种常用方法。

- Accept：指浏览器接受什么格式的数据，比如 application/json, text/plain, 表示接受 JSON、文本数据或者任何数据。

- Origin-Domain: 是指请求者来自哪个域名，如 www.epubit.com。

一个个添加常用的 Header 时，服务器一直不返回数据，直到添加了 Origin-Domain 这个 Header，这说明这个 Header 是必备条件。

网页的后台程序有可能不检查 Header，也有可能检查一个 Header，还有可能检查多个 Header，这都需要我们尝试后才能知道。

既然 Origin-Domain 是关键，也许后台程序只检查这一个 Header，我们通过图 8.18 左边的复选框去掉其他的 Header，只保留 [Origin-Domain]，请求成功，这说明后台只检查了这一个 Header。然后修改地址栏中的 page 参数，获取其他页的数据，比如图 8.18 中修改成了 3，再发送请求，发现服务器返回了新的数据（其他的 20 本书）。这样我们的请求就成功了。

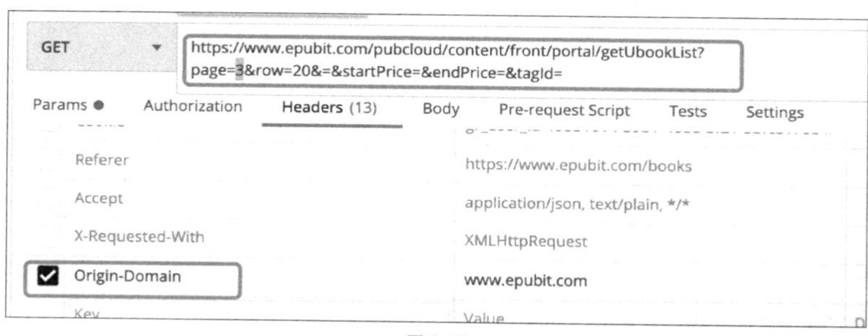

图 8.18

4 编写抓取程序

开发爬虫程序，主要的时间都会用于分析，一旦分析清楚了，爬虫程序代码的编写并不复杂:

```
import requests

def get_page(page=1):
    '''抓取指定页的数据，默认是第一页'''
    # 使用page动态拼接URL
    url = f'https://www.epubit.com/pubcloud/content/front/portal/getUboo
kList?page={page}&row=20&=&startPrice=&endPrice=&tagId='
    headers = {'Origin-Domain': 'www.epubit.com'}
    # 请求的时候同时传入Headers
    res = requests.get(url, headers=headers)
    print(res.text)

get_page(5)
```

这里测试了抓取第五页的数据，比对打印出的 JSON 数据和网页上第五页的数据，结果是匹配的。

现在我们先分析 JSON 的数据结构，再来完善这个程序。

5 分析 JSON 数据结构

JSON 就像 Python 中的字典，用大括号存放数据，用冒号分割键和值。下面是省略的 JSON 数据：

```
{
    "code": "0",
    "data": {
        "current": 1, // 第一页
        "pages": 144, // 一共几页
        "records": [  // 很多本书的信息放在方括号中
            {
                "authors": "[美] 史蒂芬·普拉达（Stephen Prata）",  //作者
                "code": "UB7209840d845c9", //代码
                "collectCount": 416, //喜欢数
                "commentCount": 64, //评论数
                "discountPrice": 0, //折扣价
                "downebookFlag": "N",
                "fileType": "",
                ...
            },
            {
                "authors": "笨叔",
                "code": "UB7263761464b35",
                "collectCount": 21,
                "commentCount": 3,
                "discountPrice": 0,
                "downebookFlag": "N",
                "fileType": "",
                ...
            },
            ...
        ],
        "size": 20,
        "total": 2871
    },
    "msg": "成功",
    "success": true
}
```

最外面是一个大括号，里面包含了 code、data、msg 和 success 信息。这个格式是开发这个网页的程序员自己设计的，不同网页中的信息格式可能有所不同。

其中，code、msg 和 sucess 分别表示请求的状态码、请求返回的提示，以及请求是否成功。而真正的数据都在 data 中。

data 的冒号后面是一个大括号，表示一个数据对象，里面包含了当前页数 (current)、总页数 (pages) 和书的信息 (records) 等。

records 表示很多本书，所以它用一个方括号表示，方括号里面又有很多大括号包起来的数据对象，每个大括号表示一本书：

```
{
    "authors": "[美] 史蒂芬·普拉达 ( Stephen Prata ) ", //书名
    "code": "UB7209840d845c9", //代码
    "collectCount": 416, //喜欢数
    "commentCount": 64,  //评论数
    "discountPrice": 0,  //折扣0，表示没有折扣
    ...
    "forSaleCount": 3,  //在售数量
    ...
      "logo":  "https://cdn.ptpress.cn/pubcloud/bookImg/A20190961/
20200701F892C57D.jpg",
    "name": "C++ Primer Plus 第6版 中文版", //书名
    ...
    "price": 100.30,  //价格
    ...
}
```

每本书的信息包含多个字段，这里省略掉了很多字段，并给重要的信息添加了注释。

6 完成程序

现在来完善上面的程序，从 JSON 中解析出我们想要的数据。为了便于展示，我们只抓取书名、作者、编号和价格：

```
import requests
import json
import time
class Book:
    # --省略--
def get_page(page=1):
    # --省略--
    books = parse_book(res.text)
    return books
def parse_book(json_text):
    #--省略--

all_books = []
for i in range(1, 10):
```

```
    print(f'======抓取第{i}页======')
    books = get_page(i)
    for b in books:
        print(b)
    all_books.extend(books)
    print('抓完一页，休息5秒钟...')
    time.sleep(5)
```

通过定义 book 类来表示一本书；parse_book() 负责解析数据，返回包含当前页的 20 本书的列表；最下面使用 for 循环抓取数据，并放到一个大列表中；range() 中添加要抓取的页数。通过前面的分析可以知道一共有几页。

抓取完一页后，一定要使用 sleep() 让程序休息几秒，一是防止给网站带来太大压力，二是防止网站封锁你的 IP。是为它好，也是为了自己好。

最后，把抓来的信息保存到文件中，这些代码请自行编写。

下面来看看被省略掉的部分。

- Book 类

```
class Book:
    def __init__(self, name, code, author, price):
        self.name = name
        self.code = code
        self.author = author
        self.price = price

    def __str__(self):
            return f'书名：{self.name}，作者：{self.author}，价格：{self.
price}，编号：{self.code}'
```

其中 str() 是一个魔法函数，当我们使用 print 命令打印一个 book 对象的时候，Python 会自动调用这个函数。

- parse_book() 函数

```
import json

def parse_book(json_text):
    '''根据返回的JSON字符串，解析书的列表'''
    books = []
    # 把JSON字符串转成一个字典dict类
    book_json = json.loads(json_text)
    records = book_json['data']['records']
    for r in records:
        author = r['authors']
        name = r['name']
```

```
            code = r['code']
            price = r['price']
            book = Book(name, code, author, price)
            books.append(book)
    return books
```

json 模块是 Python 自带的，不用安装；关键的代码就是使用 json 模块把抓来的 JSON 字符串转成字典，剩下的就是对字典的操作，很容易理解。

到这里，我们完成了抓取 JavaScript 网页的任务，也接触了 JSON 这种数据格式。这里的复杂性主要在于分析，一旦分析清楚了，编写抓取代码比编写 HTML 代码还要简单。

8.4　使用 selenium 自动登录并抓取课程列表

在上一节，我们通过分析 HTTP 消息包而获得请求的关键 Header，然后用代码发送请求时携带同样的 Header，从而成功获得了数据。

但这种方法要求你深入分析包的内容。当请求很复杂，甚至包含了一些加密内容的时候，这种方法就受到限制了。

那么，有没有可能用程序打开浏览器，让浏览器自动发送请求，那就和真实的请求完全一样了，也不用分析包了。

还真有！ selenium 就是这样一款工具，它被广泛应用在网络爬虫和自动化测试领域。

1 selenium 基本原理

Python 程序不能直接操作浏览器，所以需要一个“中间人”。这个“中间人”一方面接收程序的调用；另一方面操作浏览器，如单击按钮、填写数据等（图 8.19）。

图 8.19

selenium 就是这样一个“中间人”，它是一个浏览器驱动程序，不仅支持 Python，还支持 Java 等多种编程语言。

在使用 selenium 的过程中涉及以下几个部分。

- 确定用什么浏览器，比如本节案例中使用的谷歌浏览器。
- 安装谷歌浏览器驱动。注意，不同的浏览器与不同的平台（Windows、macOS 等系统）对应不同的驱动程序。这个驱动程序不是一个 Python 程序，而是一个可执行程序。
- 安装 Python 的 selenium 模块，这个模块提供了操作浏览器的 Python 类和函数。
- 编写 Python 自动化代码，调用 selenium 操作浏览器。

2 任务目标

在本节中，麦叔将带领大家使用 selenium 实现自动登录网站 https://www.epubit.com（图 8.20），然后自动访问课程列表页 https://www.epubit.com/course，并自动翻页下载所有数据（图 8.21）。

图 8.20

图 8.21

3 下载和配置 selenium 驱动程序

根据自己选定的浏览器上网搜索“selenium 驱动”并下载、安装和配置相应的驱动程序。本章相关资料中也给大家提供了参考下载地址，可以在公众号上获取。

下载时要注意浏览器的版本，以 Chrome 为例，我的版本是 87.0.4280.88（图 8.22）。

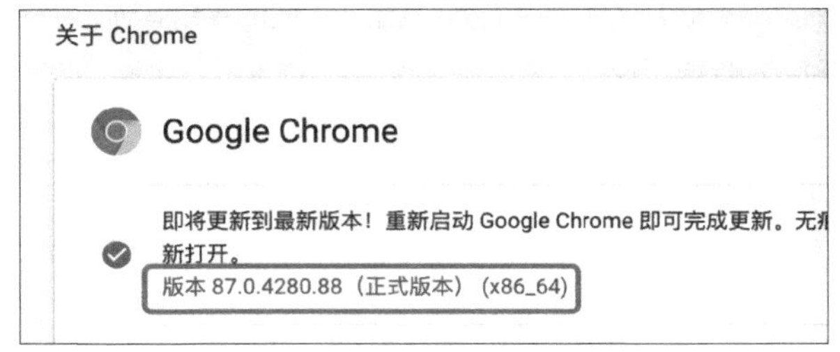

图 8.22

进入下载地址后，找到与浏览器版本最接近的驱动程序（图 8.23）。

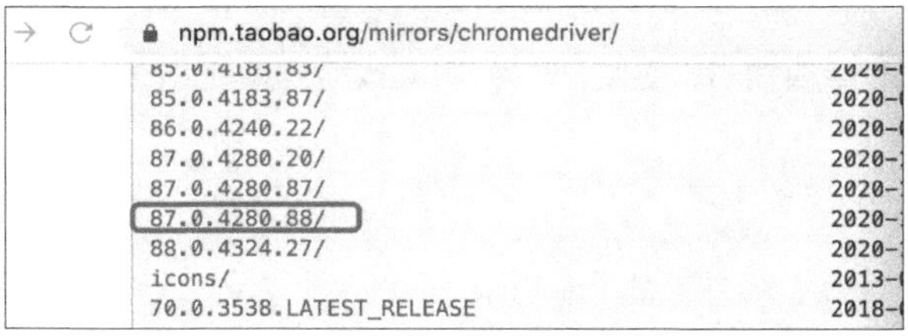

```
npm.taobao.org/mirrors/chromedriver/
85.0.4183.83/                        2020-
85.0.4183.87/                        2020-
86.0.4240.22/                        2020-
87.0.4280.20/                        2020-
87.0.4280.87/                        2020-
87.0.4280.88/                        2020-
88.0.4324.27/                        2020-
icons/                               2013-
70.0.3538.LATEST_RELEASE             2018-
```

图 8.23

然后下载符合自己操作系统的驱动程序（图 8.24）。

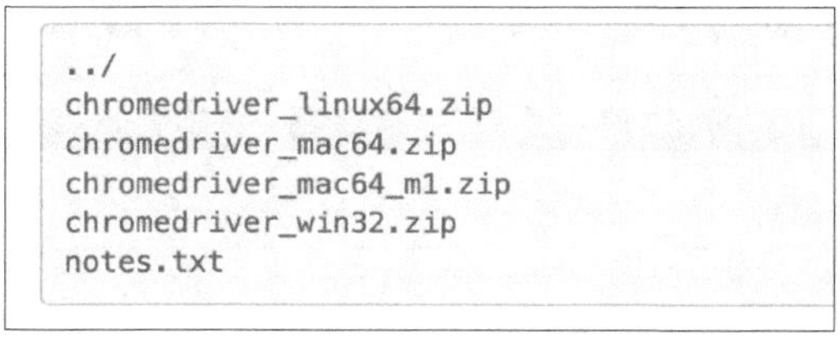

```
../
chromedriver_linux64.zip
chromedriver_mac64.zip
chromedriver_mac64_m1.zip
chromedriver_win32.zip
notes.txt
```

图 8.24

下载并解压文件后得到 chromedriver 可执行文件，请把这个文件放到合适的目录下，比如 C:\selenium。

不管放在什么目录下，我们都要把路径添加到环境变量 PATH 中。如果不知道如何设置 PATH，请搜索“PATH”设置，找到相关步骤。

这一步至关重要，否则在运行时会因找不到驱动程序而运行失败。

4 安装 selenium 模块

```
python -m pip install selenium
```

尝试运行一下代码：

```
from selenium import webdriver
driver = webdriver.Chrome()
driver.get("https://www.epubit.com/")
```

正常情况下，程序会自动打开谷歌浏览器，然后自动加载网页 https://www.epubit.com/ 中的内容，这时候就说明配置成功了！

如果失败，请检查以下几点。

- chromedriver 是否设置好了 PATH。
- chromedriver 和你的浏览器是否匹配。
- 是否成功安装 selenium 模块。

5 实现自动登录

首先单击界面右上角的【注册】按钮，自己手动注册一个账号，把账号和密码填写到下面的代码中：

```
from selenium import webdriver
from selenium.webdriver.common.by import By

# 需要自己先手动注册一个账号
my_username = '你的账号'
my_password = '你的密码'

# 打开网站
driver = webdriver.Chrome()
driver.get("https://www.epubit.com/")

# 单击登录
login_btn = driver.find_element(By.XPATH, '//i[text()="登录"]')
login_btn.click()

# 输入账号和密码
input_username = driver.find_element(By.XPATH, '//input[@id="username"]')
input_username.send_keys(my_username)

input_password = driver.find_element(By.XPATH, '//input[@id="password"]')
input_password.send_keys(my_password)

# 提交登录
submit_btn = driver.find_element(By.XPATH, '//input[@id="passwordLoginBtn"]')
submit_btn.click()
```

使用 selenium 的关键是 driver，你可以把这个 driver 对象当成浏览器本身。剩下的就是用 driver 发送请求、填写数据、单击按钮等。

在这里，我们使用了 XPATH 来定位按钮和文本框的位置。

整个 HTML 文档可以被视为一棵由一个个结点组成的树，其中“//”表示树根，来看看代码中的 4 个例子。

- //i[text()=" 登录 "]：文字为登录的 <i> 标签。
- //input[@id="username"]：id 为 username 的文本框。
- //input[@id="password"]：id 为 password 的文本框。
- //input[@id="passwordLoginBtn"]：id 为 passwordLoginBtn 的按钮。

使用 selenium，我们仍然需要分析页面结构，才能写出这些代码。但我们不再需要分析 HTTP 请求的内容，只要实现网页上的行为就可以了。

> **TIPS**
> XPATH 的知识和用法比较简单，在网上搜索“XPATH 教程”学习即可，或者关注麦叔编程公众号学习相关内容。

除了使用 XPATH, selenium 也可以使用 CSS（Cascading Style Sheets，层叠样式表）选择器。

6 获取课程数据

获取课程的步骤如下。

① 让 driver 访问课程页面 https://www.epubit.com/course。

② 停止 3 秒，等待页面加载完成。

③ 解析页面上的课程（图 8.25）。

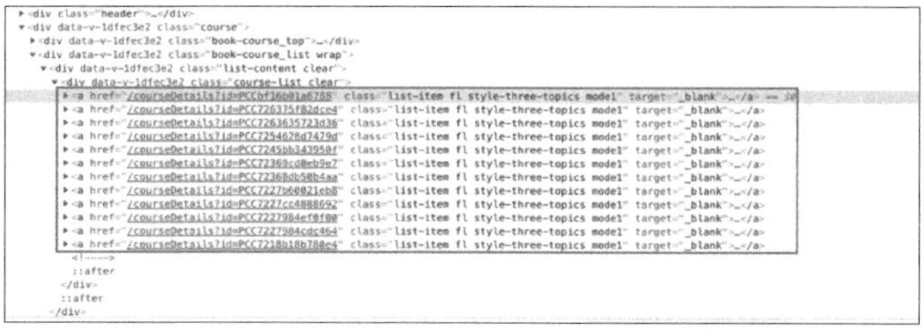

图 8.25

课程数据都在图 8.25 的 <a> 中，可以用 XPATH 或者 CSS 选择器定位它们。

- XPATH：//a[@class="list-item fl style-three-topics mode1"]。
- CSS 选择器：.course-list a。

这样对比一下，CSS 选择器更加清晰、简单。本节之所以同时用了 XPATH 和 CSS 选择器，是因为大家有必要知道这两种技术的存在。

> **TIPS**
> 关于 CSS 选择器的相关知识，读者可以在麦叔编程公众号中查找和学习。

```
driver.get('https://www.epubit.com/course')
time.sleep(3)
item_list = driver.find_elements_by_css_selector('.course-list a')
for item in item_list:
    print(item.text)
```

7 获取单个课程的具体数据

在前面拿到的课程 <a> 中，包含了几个元素：图片地址、标题和价格数据，我们再在 <a> 的基础上继续定位元素（图 8.26）。

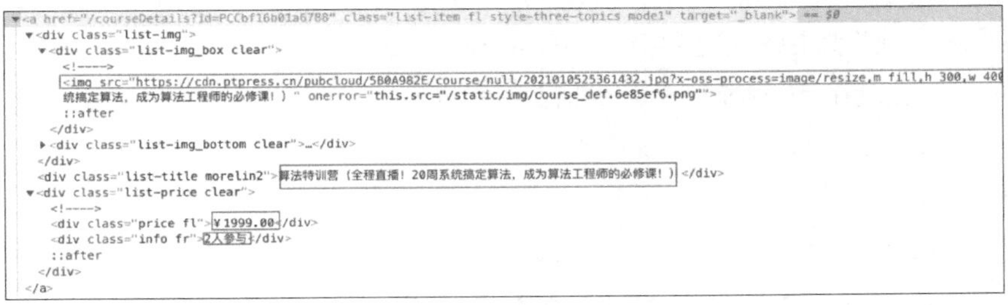

```
▼<a href="/courseDetails?id=PCCbf16b01a6788" class="list-item fl style-three-topics model" target="_blank"> == $0
  ▼<div class="list-img">
    ▼<div class="list-img_box clear">
        <!---->
        <img src="https://cdn.ptpress.cn/pubcloud/5B0A982E/course/null/2021010525361432.jpg?x-oss-process=image/resize,m_fill,h_300,w_400
        统搞定算法，成为算法工程师的必修课！）" onerror="this.src="/static/img/course_def.6e85ef6.png"">
        ::after
      </div>
    ▶<div class="list-img_bottom clear">…</div>
    </div>
    <div class="list-title morelin2">算法特训营（全程直播！20周系统搞定算法，成为算法工程师的必修课！）</div>
  ▼<div class="list-price clear">
      <!---->
      <div class="price fl">¥1999.00</div>
      <div class="info fr">2人参与</div>
      ::after
    </div>
  </a>
```

图 8.26

```
for item in item_list:
    # 课程地址
    link = item.get_attribute('href')
    # 图片地址
    img = item.find_element_by_tag_name('img').get_attribute('src')
    # 标题
    title = item.find_element_by_class_name('list-title').text
    # 价格
    price = item.find_element_by_class_name('price').text
    # 报名人数信息
    info = item.find_element_by_class_name('info').text
    print(link, img, title, price, info)
```

8 翻页

类似地，我们可以先定位到【下一页】按钮，然后单击该按钮：

```
next_page_btn = driver.find_element_by_css_selector('button.btn-next')
next_page_btn.click()
```

需要注意的是，最后一页中的【下一页】按钮是无法单击的，因此需要加上对应的判断：

```
next_page_btn = driver.find_element_by_css_selector('button.btn-next')
if 'disabled' in next_page_btn.get_attribute('class'):
    print('最后一页')
else:
    next_page_btn.click()
```

9 解决网速慢的问题

我们用代码模拟人的动作，如单击按钮、填写表单时，如果网速很慢，代码在相关的元素还没有加载好时就去执行操作，会造成不能定位元素 (unable to locate element) 的错误：

selenium.common.exceptions.NoSuchElementException: Message: no such element: Unable to locate element:

我们前面用简单粗暴的 sleep()，强迫程序等待了几秒。但这不是一个好办法，因为不同的环境下网速不同，很难确定要等待几秒。selenium 提供了更好的办法，就是条件判断，只有当某些条件出现（比如元素出现）后程序才继续执行。条件判断命令为 expected_conditions，缩写为 EC，它提供了很多条件判断子命令：

- presence_of_element_located
- visibility_of_element_located
- visibility_of
- presence_of_all_elements_located
- text_to_be_present_in_element
- text_to_be_present_in_element_value
- frame_to_be_available_and_switch_to_it
- invisibility_of_element_located
- element_to_be_clickable
- alert_is_present

下面我们在单击【登录】按钮之前，使用 EC.presence_of_all_elements_located 等待“登录”链接出现后，再执行单击操作：

```
from selenium import webdriver
import time
from selenium.webdriver.common.by import By
from selenium.webdriver.support.ui import WebDriverWait
from selenium.webdriver.support import expected_conditions as EC

# --省略--
# 等待按钮可以被单击再继续执行，最多等待60秒
wait = WebDriverWait(driver, 60)
element = wait.until(EC.presence_of_element_located(
    (By.XPATH, '//i[text()="登录"]')))
# 仍然需要等待两秒，让相关的JavaScript完成渲染
time.sleep(2)
login_btn = driver.find_element(By.XPATH, '//i[text()="登录"]')
login_btn.click()
```

用类似的代码可以实现自动登录和数据抓取：

```
wait = WebDriverWait(driver, 60)
element = wait.until(EC.presence_of_element_located(
    (By.XPATH, '//input[@id="username"]')))

input_username = driver.find_element(By.XPATH, '//input[@id="username"]')
input_username.send_keys(my_username)

input_password = driver.find_element(By.XPATH, '//input[@id="password"]')
input_password.send_keys(my_password)

# 提交登录
submit_btn = driver.find_element(By.XPATH, '//input[@id="passwordLoginBtn"]')
submit_btn.click()
```

使用 EC 可以处理网速慢的情况，但会让代码变得复杂，而且有时候还需要配合 sleep() 使用。所以如果网速稳定，直接使用 sleep() 也是一个不错的选择。

10 完整程序

现在加上保存数据到文件的代码，我们就编写完成了整个程序。

```
from selenium import webdriver
import time
from selenium.webdriver.common.by import By
from selenium.webdriver.support.ui import WebDriverWait
from selenium.webdriver.support import expected_conditions as EC
import csv

# 需要自己先手动注册一个账号
my_username = '17788559601'
my_password = 'Roottoor@2'

# 打开网站
driver = webdriver.Chrome()
driver.get("https://www.epubit.com/")

# 单击登录

# 等待按钮可以被单击再继续执行，最多等待60秒
wait = WebDriverWait(driver, 60)
element = wait.until(EC.presence_of_element_located(
    (By.XPATH, '//i[text()="登录"]')))
```

```
# 仍然需要等待两秒，让相关的JavaScript完成渲染
time.sleep(2)

login_btn = driver.find_element(By.XPATH, '//i[text()="登录"]')
login_btn.click()

# 输入账号和密码
# 等待文本框出现
wait = WebDriverWait(driver, 60)
element = wait.until(EC.presence_of_element_located(
    (By.XPATH, '//input[@id="username"]')))

input_username = driver.find_element(By.XPATH, '//input[@id="username"]')
input_username.send_keys(my_username)

input_password = driver.find_element(By.XPATH, '//input[@id="password"]')
input_password.send_keys(my_password)

# 提交登录
submit_btn = driver.find_element(By.XPATH, '//input[@id="passwordLoginBtn"]')
submit_btn.click()

# 循环抓取
course_data_list = []  # 用一个二维数组存放课程信息
driver.get('https://www.epubit.com/course')

# 等到我们要的数据（用CSS选择器确定）出现再继续执行，但最多等待60秒
wait = WebDriverWait(driver, 60)
element = wait.until(EC.presence_of_element_located(
    (By.CSS_SELECTOR, ".course-list a")))

# 先获取第一页的数据
item_list = driver.find_elements_by_css_selector('.course-list a')
while True:
    for item in item_list:
        link = item.get_attribute('href')
        img = item.find_element_by_tag_name('img').get_attribute('src')
        title = item.find_element_by_class_name('list-title').text
        price = item.find_element_by_class_name('price').text
        info = item.find_element_by_class_name('info').text
        course_data_list.append([link, img, title, price, info])
        print('==> {}'.format(title))
```

```
    next_page_btn = driver.find_element_by_css_selector('button.btn-next')
    # 如果没有下一页了，跳出循环
    if 'disabled' in next_page_btn.get_attribute('class'):
        print('last page')
        break
    else:
        next_page_btn.click()
        print('waiting...')
            # 这里presence_of_element_located不再有用，因为元素在上一页已经存在
了，所以这里简单粗暴地等待了3秒
        time.sleep(3)
        item_list = driver.find_elements_by_css_selector('.course-list a')

# 打印总共抓取的课程数量
print('total {} items'.format(len(course_data_list)))
driver.close()

with open('data.csv', mode='w') as data_file:
    writer = csv.writer(data_file, delimiter=',',
                        quotechar='"', quoting=csv.QUOTE_MINIMAL)
    header = ['链接', '图片', '标题', '价格', '其他信息']
    writer.writerow(header)
    for item in course_data_list:
        writer.writerow(item)
```

8.5 小结

爬虫程序和数据分析经常被一起提起，因为爬虫程序是很重要的数据获取手段，没有数据就没法分析。

爬虫程序的作用可能比你想象的要重要得多，你最熟悉的网站、比如百度、谷歌、今日头条等都是基于爬虫开发的；更多的中小型公司，比如企查查、抖查查、各种金融公司、数据分析公司等，其业务也是基于爬虫技术的。

学习 Python 的人群中，有相当比例的人是冲着爬虫程序来的。他们想应用爬虫程序高效地采集数据，做自动化测试。仔细想想，你的工作中应该也有可以马上应用爬虫程序去提升工作效率的地方。现在就开始吧，把本章学习的技术应用到工作中。

第9章

Python办公自动化秘籍

都说“活到老，学到老”，这句话放在职场人士身上再合适不过了。经验固然有价值，但总是抱着一成不变的思路、方法与工具，慢慢地，你将招架不住工作中不断出现的新挑战。

作为一名职场人士，最重要的能力之一就是学习。我知道有的人一听到学习就会焦虑，但其实不必担心，因为大多数底层知识的变化是很慢的，比如职场中需要用到的网络原理知识，这些年来并未发生太大的变化。就算是最热门的人工智能，其中的大部分技术也都是十几年甚至几十年前的。变化快的，是底层技术上面的“花架子”。打好底层知识基础，你就可以快速地掌握这些“花架子”，没有你想的那么难。

Python 之所以强大，是因为它有丰富而强大的模块，不管你想处理 Excel 表格，还是实现人工智能技术，都能在 Python 中找到相应的模块，拿来即用。

本章麦叔将讲解一些快速学习 Python 及其模块（包）的重要技巧。

9.1 必须掌握的核心知识

为了能够有效地学习和应用下面介绍的技巧，我们必须先掌握Python和编程的核心知识。

1 程序的基本结构

程序是由一个个语句组成的。有的语句就一行代码，如赋值语句；有的语句是一个甚至多个代码块，如循环语句和分支语句。语句中包含表达式。表达式表达了运算的过程，如算术运算、逻辑运算和函数调用等。总之，给你一段程序，你要能熟练地看懂它的结构。如果它的结构有问题，你应能轻松指出问题所在。

2 字面量、变量和变量类型

代码中操作的数据要么以字面量的形式出现，要么以变量的形式出现，而变量要先定义再使用，没有定义就使用必然会导致报错。看到变量，要意识到它是否已经定义了，在哪里定义的，作用范围是什么。有可能同名变量在多个地方都定义了，要清楚地知道当前是哪个变量。

另外，要时刻意识到任何一个变量都是有它的类型的，不管是整数、小数、字符串、列表还是第三方包定义的类。类型决定了它有哪些方法。

3 函数和作用域

函数包含名称、参数、返回值等要素，以及变量的作用域。Python 自带函数，有些函数来源于某个模块，有些函数属于某个类，有些函数是我们自己定义的。不管变量还是函数都有其使用范围，有它们所属的命名空间。

4 面向对象

Python 是一个面向对象的编程语言，我们要使用的各种 Python 自带的模块或者第三方模块大多是以面向对象的形式写的。大家需要理解类和实例的区别，以及相应的实例变量和类变量、实例方法和类方法等。

5 模块和包

模块和包是 Python 组织代码的方式。大家需要熟悉 import 的几种用法，熟练使用 pip 安装、更新和卸载包。

麦叔把我们必须掌握的 Python 技能总结为“Python 36 技”，要掌握的基本就这么多，剩下的就是使用这些技能去解决问题，了解更多的“花架子”。

9.2　有问题，先问 Python

写代码的过程中遇到不会的问题，最好的方法不是问别人，也不是去搜索，而是问 Python：在交互式 Python 中直接运行做尝试，Python 会告诉你是否行得通，哪里有错。

记住：Python 解释器才是你最好的老师，它会 24 小时陪伴着你。

假设你想知道字符串是否可以相加，如 '你好' + '麦叔' 能行吗？这种问题根本不用去问别人或者去网上搜索，打开交互式 Python，试一下就知道了：

```
>>> '你好' + '麦叔'
'你好麦叔'
>>> '你好' - '麦叔'
Traceback (most recent call last):
  File "<stdin>", line 1, in <module>
TypeError: unsupported operand type(s) for -: 'str' and 'str'
>>> '你好' * 3
'你好你好你好'
>>> '你好' / 2
Traceback (most recent call last):
  File "<stdin>", line 1, in <module>
TypeError: unsupported operand type(s) for /: 'str' and 'int'
>>> '你好' * '麦叔'
Traceback (most recent call last):
  File "<stdin>", line 1, in <module>
TypeError: can't multiply sequence by non-int of type 'str'
```

你很快就可以得到解答，字符串加法是可以的，也可以乘以数字，但是减法和除法是不行的。

复杂点的代码可以写到文件中，总之用代码去试验，有问题，先问 Python。

自己没有尝试过，没有问过 Python，最好不要去问别人，以免浪费别人的时间，这是职场人士应该具备的素养之一。

当然，这个技巧需要你对 Python 基础知识有一定的掌握，否则你都不知道怎么问 Python。

9.3　问 Python 的 3 个命令

本节麦叔介绍 3 个 Python 命令（函数），一旦你掌握了它们的用法，就打开了广阔世界的大门，因为你已经基本具备了快速学习的能力。

1 type——了解类型

在森林中，你看到一只动物，你的第一反应应该是：这是什么动物？因为知道了是什么动物，你就知道了它的特性，才可以决定是赶快跑开，还是去亲近它。

在学习新模块的过程中，我们也要知道这个模块中主要有哪些类，当前处理的这个变量是什么类型，否则程序报了错你都不知道怎么回事。

使用 type() 可以了解变量的类型：

```
>>> import requests
>>> res = requests.get('https://www.baidu.com')
>>> type(res)
<class 'requests.models.Response'>
```

使用 requests.get() 抓取百度的首页，返回的不是字符串，而是一个 Response 对象。知道了它的类型，我们可以深入研究 Response 对象包含哪些属性和方法。

requests 是什么呢？请记住，所有的变量和字面量都属于某个类型。

```
>>> type(requests)
<class 'module'>
```

requests 是一个模块，简单来说就是一个 python 文件，里面定义了一些全局变量和函数。有哪些变量和函数呢？它的源码在哪里呢？请继续阅读。

2 dir——查看有哪些变量和函数

使用 dir() 可以查看一个模块或者一个类中有哪些变量和函数，以 requests 为例：

```
>>> dir(requests)
['ConnectTimeout', 'HTTPError',..., 'warnings']
```

dir() 返回一个 list，里面包含当前类或者模块中的全局变量、函数、类和子模块等。

假设你在学习用 turtle 模块画图，但不知道如何设置背景颜色，以及如何移动元素：

```
import turtle
t = turtle.Turtle()
#如何设置背景颜色？如何移动t变量的位置？
```

此时可以用 dir() 看看 turtle 模块包含哪些函数（图 9.1）。

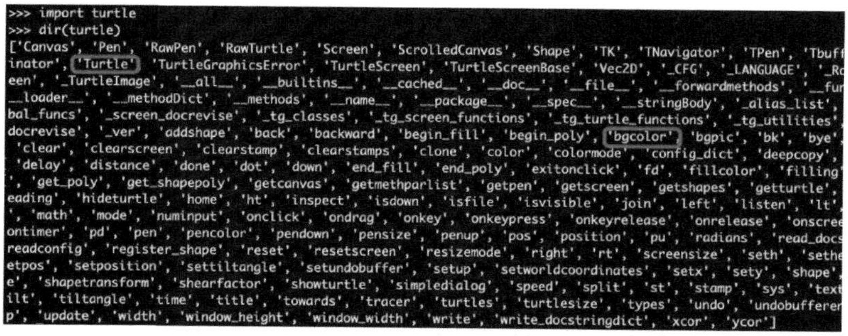

```
>>> import turtle
>>> dir(turtle)
['Canvas', 'Pen', 'RawPen', 'RawTurtle', 'Screen', 'ScrolledCanvas', 'Shape', 'TK', 'TNavigator', 'TPen', 'Tbuff
inator', 'Turtle', 'TurtleGraphicsError', 'TurtleScreen', 'TurtleScreenBase', 'Vec2D', '_CFG', '_LANGUAGE', '_Ro
een', '_TurtleImage', '__all__', '__builtins__', '__cached__', '__doc__', '__file__', '__forwardmethods', '__fun
__loader__', '__methodDict', '__methods', '__name__', '__package__', '__spec__', '__stringBody', '_alias_list',
bal_funcs', '_screen_docrevise', '_tg_classes', '_tg_screen_functions', '_tg_turtle_functions', '_tg_utilities',
docrevise', '_ver', 'addshape', 'back', 'backward', 'begin_fill', 'begin_poly', 'bgcolor', 'bgpic', 'bk', 'bye',
 'clear', 'clearscreen', 'clearstamp', 'clearstamps', 'clone', 'color', 'colormode', 'config_dict', 'deepcopy',
 'delay', 'distance', 'done', 'dot', 'down', 'end_fill', 'end_poly', 'exitonclick', 'fd', 'fillcolor', 'filling'
', 'get_poly', 'get_shapepoly', 'getcanvas', 'getmethparlist', 'getpen', 'getscreen', 'getshapes', 'getturtle',
eading', 'hideturtle', 'home', 'ht', 'inspect', 'isdown', 'isfile', 'isvisible', 'join', 'left', 'listen', 'lt',
', 'math', 'mode', 'numinput', 'onclick', 'ondrag', 'onkey', 'onkeypress', 'onkeyrelease', 'onrelease', 'onscree
ontimer', 'pd', 'pen', 'pencolor', 'pendown', 'pensize', 'penup', 'pos', 'position', 'pu', 'radians', 'read_docs
readconfig', 'register_shape', 'reset', 'resetscreen', 'resizemode', 'right', 'rt', 'screensize', 'seth', 'sethe
etpos', 'setposition', 'settiltangle', 'setundobuffer', 'setup', 'setworldcoordinates', 'setx', 'sety', 'shape',
e', 'shapetransform', 'shearfactor', 'showturtle', 'simpledialog', 'speed', 'split', 'st', 'stamp', 'sys', 'text
ilt', 'tiltangle', 'time', 'title', 'towards', 'tracer', 'turtles', 'turtlesize', 'types', 'undo', 'undobufferen
p', 'update', 'width', 'window_height', 'window_width', 'write', 'write_docstringdict', 'xcor', 'ycor']
```

图 9.1

虽然图 9.1 中的内容有点多，但仔细看一下就可以发现：bgcolor 就是用来设置背景颜色的；Turtle 是 turtle 模块中的一个类，所以我们用 turtle.Turtle() 创建一个 Turtle 对象。接下来看一下 Turtle 对象包含哪些函数（图 9.2）。

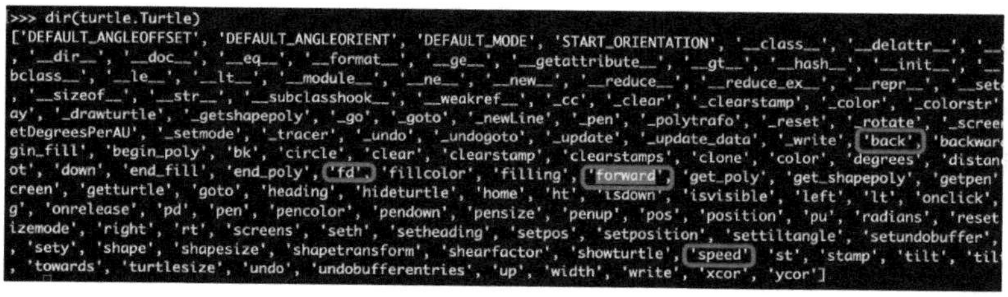

```
>>> dir(turtle.Turtle)
['DEFAULT_ANGLEOFFSET', 'DEFAULT_ANGLEORIENT', 'DEFAULT_MODE', 'START_ORIENTATION', '__class__', '__delattr__', '_
, '__dir__', '__doc__', '__eq__', '__format__', '__ge__', '__getattribute__', '__gt__', '__hash__', '__init__', '_
bclass__', '__le__', '__lt__', '__module__', '__ne__', '__new__', '__reduce__', '__reduce_ex__', '__repr__', '__set
, '__sizeof__', '__str__', '__subclasshook__', '__weakref__', '_cc', '_clear', '_clearstamp', '_color', '_colorstr'
ay', '_drawturtle', '_getshapepoly', '_go', '_goto', '_newLine', '_pen', '_polytrafo', '_reset', '_rotate', '_scree
etDegreesPerAU', '_setmode', '_tracer', '_undo', '_undogoto', '_update', '_update_data', '_write', 'back', 'backwar
gin_fill', 'begin_poly', 'bk', 'circle', 'clear', 'clearstamp', 'clearstamps', 'clone', 'color', 'degrees', 'distan
ot', 'down', 'end_fill', 'end_poly', 'fd', 'fillcolor', 'filling', 'forward', 'get_poly', 'get_shapepoly', 'getpen'
creen', 'getturtle', 'goto', 'heading', 'hideturtle', 'home', 'ht', 'isdown', 'isvisible', 'left', 'lt', 'onclick',
g', 'onrelease', 'pd', 'pen', 'pencolor', 'pendown', 'pensize', 'penup', 'pos', 'position', 'pu', 'radians', 'reset
izemode', 'right', 'rt', 'screens', 'seth', 'setheading', 'setpos', 'setposition', 'settiltangle', 'setundobuffer',
, 'sety', 'shape', 'shapesize', 'shapetransform', 'shearfactor', 'showturtle', 'speed', 'st', 'stamp', 'tilt', 'til
, 'towards', 'turtlesize', 'undo', 'undobufferentries', 'up', 'width', 'write', 'xcor', 'ycor']
```

图 9.2

仔细看一遍这些函数，就可以大概猜测到 forward 是向前移动，back 是向后，而 speed 代表速度。这时候可以尝试编写代码。

这么多函数，看起来有点困难，可以使用 pprint.pprint() 打印：

```
>>> import pprint
>>> pprint.pprint(dir(turtle.Turtle))
['DEFAULT_ANGLEOFFSET',
 'DEFAULT_ANGLEORIENT',
 'DEFAULT_MODE',
 'START_ORIENTATION'
 ...
```

dir() 返回的列表中包含了变量、函数和类。以算术模块 math 为例，我们可以通过下面的代码查看它们各自的类型：

```
>>> import math
>>> pprint.pprint([(name,type(getattr(math,name))) for name in dir(math)])
[('__doc__', <class 'str'>),
 ('__file__', <class 'str'>),
 ('__loader__', <class '_frozen_importlib_external.ExtensionFileLoader'>),
 ('__name__', <class 'str'>),
 ('__package__', <class 'str'>),
 ('__spec__', <class '_frozen_importlib.ModuleSpec'>),
```

通过 type() 和 getattr()，可以知道 dir() 返回的名字具体是什么类型，然后使用推导式生成一个新的列表。

这个过程也许看起来有点复杂，但一旦掌握了，你的自学能力就会上一个不小的台阶。建议大家多看几遍本节的内容。

3 help——查看详细文档

通过 help()，可以查看函数或者类的详细文档：

```
>>> import turtle
>>> help(turtle)
```

命令行会显示详细的 turtle 文档（图 9.3）。

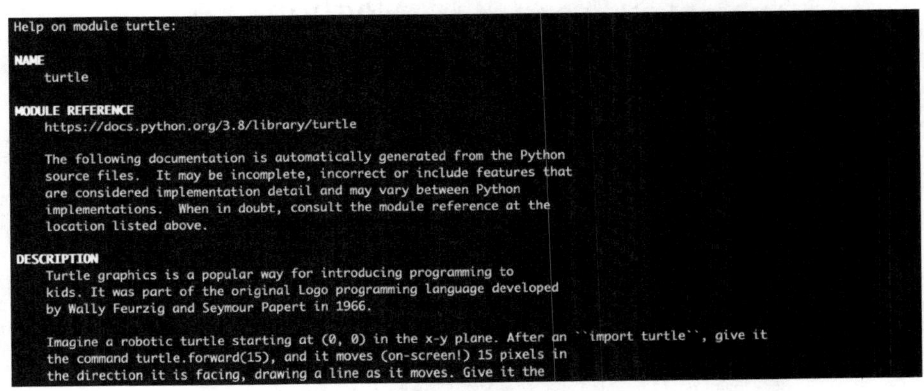

```
Help on module turtle:

NAME
    turtle

MODULE REFERENCE
    https://docs.python.org/3.8/library/turtle

    The following documentation is automatically generated from the Python
    source files.  It may be incomplete, incorrect or include features that
    are considered implementation detail and may vary between Python
    implementations.  When in doubt, consult the module reference at the
    location listed above.

DESCRIPTION
    Turtle graphics is a popular way for introducing programming to
    kids. It was part of the original Logo programming language developed
    by Wally Feurzig and Seymour Papert in 1966.

    Imagine a robotic turtle starting at (0, 0) in the x-y plane. After an ``import turtle``, give it
    the command turtle.forward(15), and it moves (on-screen!) 15 pixels in
    the direction it is facing, drawing a line as it moves. Give it the
```

图 9.3

可惜这是英文的，建议大家尽量去阅读和学习吧。在命令行下按 q 键就可以退出文档。

也可以查看一个具体函数的文档。下面来查看 turtle 模块中 Turtle 类的 fd 函数的说明 help(turtle.Turtle.fd)（图 9.4）。

```
Help on function forward in module turtle:

forward(self, distance)
    Move the turtle forward by the specified distance.

    Aliases: forward | fd

    Argument:
    distance -- a number (integer or float)

    Move the turtle forward by the specified distance, in the direction
    the turtle is headed.

    Example (for a Turtle instance named turtle):
    >>> turtle.position()
    (0.00, 0.00)
    >>> turtle.forward(25)
    >>> turtle.position()
    (25.00,0.00)
    >>> turtle.forward(-75)
    >>> turtle.position()
    (-50.00,0.00)
```

图 9.4

图 9.4 就容易看懂了，其中不仅说明了函数的功能，还展示了应用代码的例子。

9.4　学会看文档

官方文档通常是最好的学习资料之一，下面讲解如何下载和设置官方文档。Python 有中文文档，这可以解决前面英文看不懂的问题。

① 进入 Python 官方文档网站。

② 在网页的左上角选择简体中文（Simplified Chinese）和 Python 版本（图 9.5)。

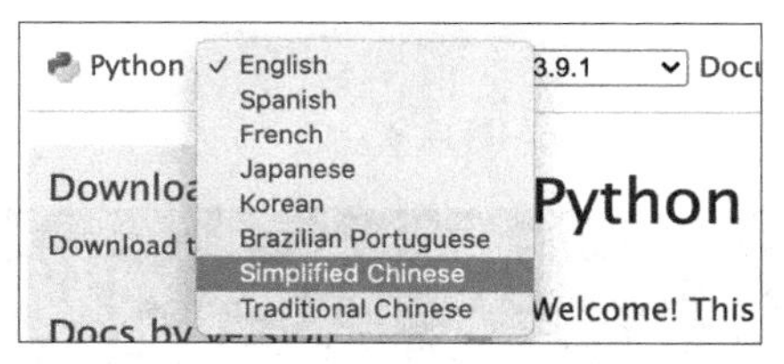

图 9.5

③ 初学者可以先看入门教程，有明确学习目的的读者可以看语言参考或者标准库参考（图 9.6）。

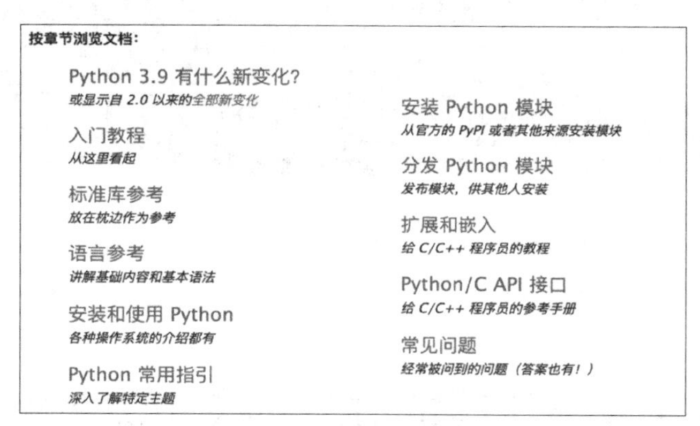

图 9.6

④ 也可以在页面右上角搜索关键词（图 9.7）。

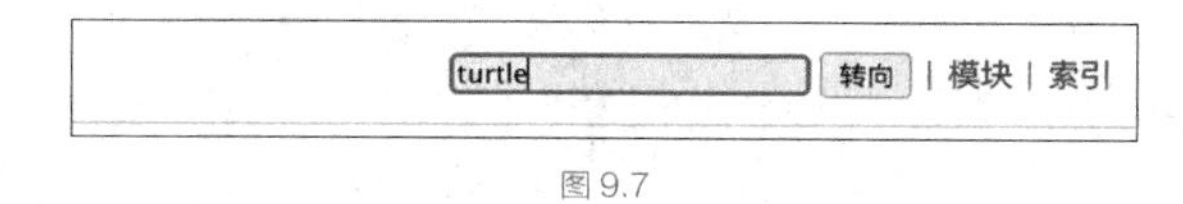

图 9.7

⑤ 如果网速慢，可以把文档下载到本地（图 9.8）。

图 9.8

选择 HTML 格式下载（图 9.9）。

Download Python 3.9.1 Documentation

Last updated on: 1月 29, 2021.

To download an archive containing all the documents for this version of Python formats, follow one of links in this table.

Format	Packed as .zip	Packed as .tar.bz2
PDF (US-Letter paper size)	Download (ca. 13 MiB)	Download (ca. 13 MiB)
PDF (A4 paper size)	Download (ca. 13 MiB)	Download (ca. 13 MiB)
HTML	Download (ca. 9 MiB)	Download (ca. 6 MiB)

图 9.9

下载到本地后，解压文件夹，在里面找到 index.html（图 9.10）。

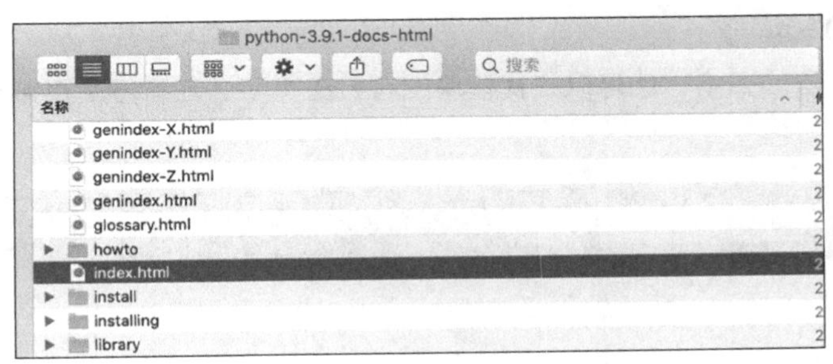

图 9.10

打开 index.html 就和在线使用一样了。你也可以把这个地址加到浏览器收藏夹中（图 9.11）。

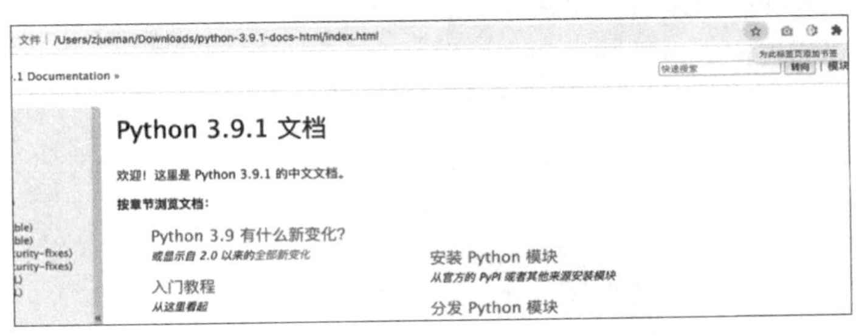

图 9.11

这样你就有了一个本地的 Python 文档网站，今后遇到问题，先在这里搜索一下。

9.5 掌握新模块

人们常说“不要重复造轮子”，意思是说你此时遇到的问题很可能有人已经找到解决方法了，你只要拿来用就行了，具体到 Python 的世界，就是找到合适的模块。

1 确定用什么模块

最简单的方式是直接搜索，看看大家怎么说。搜索的格式建议为“Python 关键词 包（模块）”（图 9.12）。

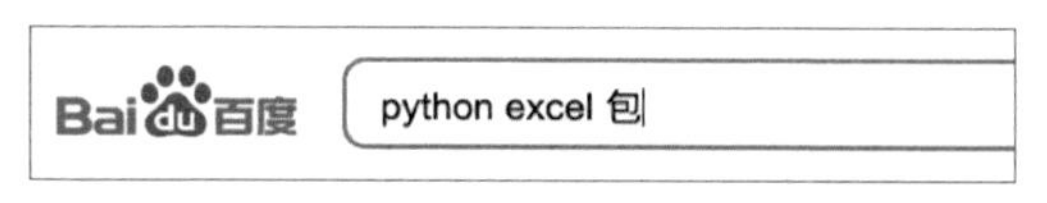

图 9.12

这时不要着急下结论，认真读完前面几篇文章，看看大家推荐什么，这些模块之间有什么区别，适用于什么场合。耐心一点，这里花一小时找对模块，后面可以节省你几小时，甚至几天的时间。假设我们确定要使用 OpenPyXL，就可以继续了。

2 找到模块的主页

确定了模块的名字，就可以去找模块的官方主页了。在官方主页搜索模块的名字（图 9.13）。

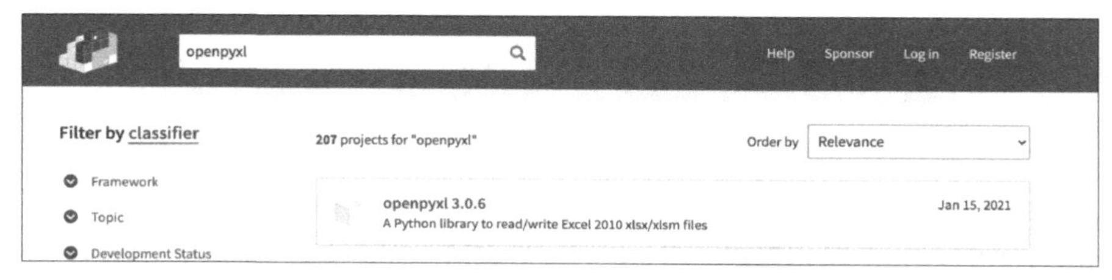

图 9.13

单击进入模块的介绍页面（图 9.14）。

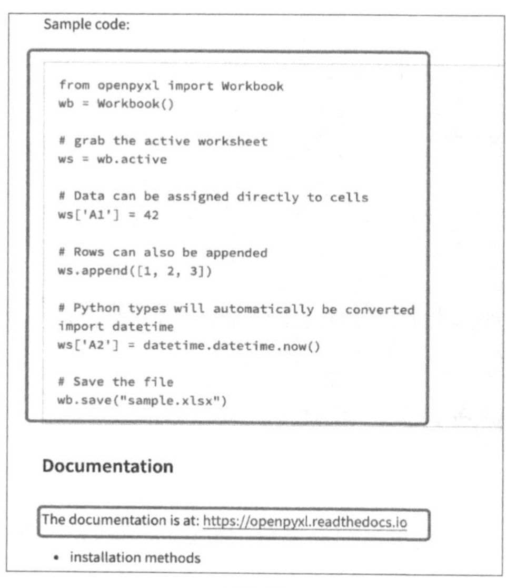

图 9.14

除了模块的基本介绍，你还可以看到一些代码参考，以及官方文档的地址。

3 找到模块官方文档

查看官方文档是很重要的。有时候官方文档的链接可能在网页的左边栏。总之，认真地在页面上找官方文档的地址，找到后进入官方文档（图 9.15）。

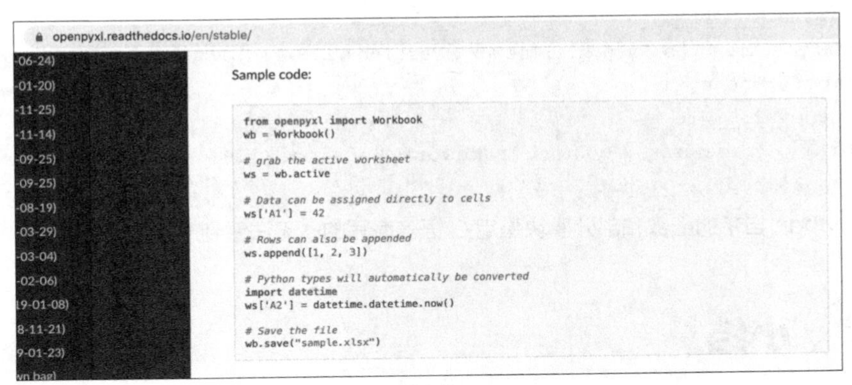

图 9.15

打开官方文档后，剩下的就是认真学习文档的内容了。大部分模块的文档质量都很好，包含了模块常见的用法和能够解决的各种问题。

4 运行文档中的参考代码

接下来，尝试运行文档中的参考代码，至少是前面几段最重要的参考代码，一步步走下去，你就会对这个模块有不错的理解了，可能已经知道如何解决自己的问题了。

官方文档可能会很长，可以先大致浏览文档的主要内容，遇到具体的问题时再回来看相应的章节。比如 OpenPyXL 模块的文档就提到了关于性能、关于 HumPy 的话题，你可以等遇到了相关问题再回来看（图 9.16）。

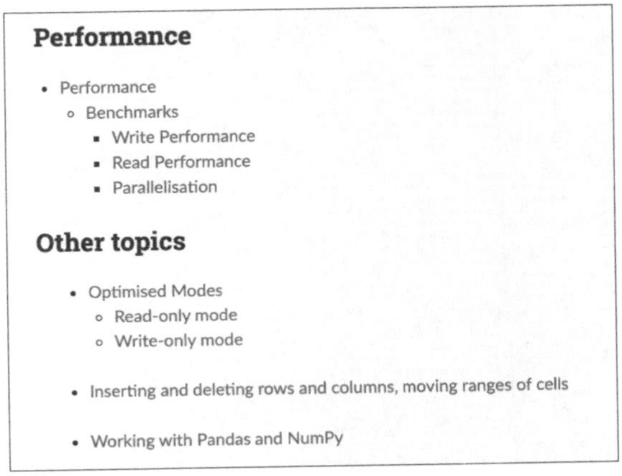

Performance

- Performance
  - Benchmarks
    - Write Performance
    - Read Performance
    - Parallelisation

Other topics

- Optimised Modes
  - Read-only mode
  - Write-only mode
- Inserting and deleting rows and columns, moving ranges of cells
- Working with Pandas and NumPy

图 9.16

9.6 看源码

学习模块的更高境界是直接查看它的源码，你甚至可以修改它的源码。

使用 file 属性可以找到源码所在的位置：

```
>>> turtle.__file__
'/Library/Frameworks/Python.framework/Versions/3.8/lib/python3.8/turtle.py'
>>> import openpyxl
>>> openpyxl.__file__
'/Library/Frameworks/Python.framework/Versions/3.8/lib/python3.8/site-packages/openpyxl/__init__.py'
```

Python 自带的函数和部分模块是用 C 语言编写的，无法看到 Python 的源码。

9.7 小结

学习编程没有捷径，但是有技巧！应用技巧之前要耐心打好基础，掌握编程的基本概念和方法，建立一定的实战能力。

本书的前 8 章以及配套的免费电子书能帮你打下足够的基础，建立相当多的实战经验。但工作中我们总会碰到各种新的问题，而编程语言本身也在不断更新，所以本章的重点是教你如何快速学习和掌握新的知识，解决新的问题。

祝你编程快乐，通过 Python 成长为一名办公高手！